终结拖延症

写给年轻人的
7个行动指南

舒娅◎著

中国纺织出版社有限公司

内 容 提 要

很多人对自己的拖延行为深恶痛绝，陷在由拖延引发的焦虑与自责中，心灰意冷。将拖延归咎于懒是片面且武断的，因为拖延通常都有指向性，没有人会在所有的事情上都拖延，只是碰到某种特定的问题时，才会拖延。要解决拖延的问题，就要找到拖延背后的深层动机，知道自己在逃避什么。这本书从拖延背后的心理动机入手，逐层剖析拖延现象，力求从根本上认识拖延心理和拖延思维，从目标导向上减少拖延的发生，从实用技巧上触发行动，从注意力和精力管理上提高效率。

图书在版编目（CIP）数据

终结拖延症：写给年轻人的7个行动指南／舒娅著
. --北京：中国纺织出版社有限公司，2021.9
ISBN 978-7-5180-8801-0

Ⅰ．①终… Ⅱ．①舒… Ⅲ．①成功心理—通俗读物
Ⅳ．①B848.4-49

中国版本图书馆CIP数据核字（2021）第167526号

责任编辑：郝珊珊　　责任校对：高　涵　　责任印制：储志伟
中国纺织出版社有限公司出版发行
地址：北京市朝阳区百子湾东里A407号楼　　邮政编码：100124
销售电话：010—67004422　传真：010—87155801
http://www.c-textilep.com
中国纺织出版社天猫旗舰店
官方微博 http://weibo.com/2119887771
天津千鹤文化传播有限公司　　各地新华书店经销
2021年9月第1版第1次印刷
开本：880×1230　1/32　印张：6
字数：158千字　定价：48.00元

从不拖延的人世间难寻，几乎每个人都存在不同程度的拖延。同样，凡事都拖延的人也很罕见，因为没有谁会无缘无故地选择拖延，所有行为的背后都有其目的。

有些人拖延是为了逃避困难和痛苦，趋乐避苦的本能让他们抗拒处理棘手的难题；有些人拖延是由于缺乏完成任务的相关技巧和能力，担心把事情弄砸，暴露自己的不足；有些人碍于客观原因无法直接表达不满与愤怒，就选择用拖延的方式实施被动攻击；还有些人在面临艰难的抉择时，无法立刻作出决策，便用拖延来缓解焦虑……拖延，在行为方式上看似都差不多，实则背后隐藏的理由和目的纷繁复杂。

这也意味着，要终结拖延的问题，不是单纯学习某一项技巧就能够实现的，这是一项需要多管齐下的系统工程。现实生活中，多数人都不乏这样的体验和感触：当你发自内心不想去做某件事，没有去完成它的动机时，所有的计划安排都是形同虚设；当你没有足够的能力去完成一项任务时，再好的时间管理法则也无法弥补致命的短板；当你被困在情绪的沼泽无法自拔，或是被瞬时快乐与诱惑征服时，理性的分析与说服根本就是无稽之谈，超级强大的本能力量轻而易举就能把意志力打败。

当然，这并不都是我们的错。大脑科学与动物实验的结论表明，拖延的天性是根深蒂固的，甚至已经写入了人类的基因密码。在人类进化所处的环境中，人们渴了就要喝水，饿了就要进食，有动力就要劳作。然而，进入纷繁的现代社会，用这种即时反应思维去处理长远的计划和机会时，拖延就成了必然会产生的副产品。毕竟，人类倾向于冲动而非理智，具有趋乐避苦、渴望及时享乐的天性。

无论是与生俱来，还是后天影响，我们都不能对拖延听之任之。毕竟，它会破坏我们生活的方方面面，夺走健康、事业、财富、情感和幸福。你的拖延行为落在哪一个领域（如事业成就、自我提升、亲密关系），决定了你将为拖延付出什么样的代价。

要战胜拖延不容易，不仅因为天性使然，更因为这是一场持久战，不是今天胜利了，未来就可以彻底摆脱它的困扰。所以，我们强调的"终结拖延症"，并不是让拖延彻底不再出现，而是借助科学的方法，掌握与之共舞的方法。

这本书总共包含七个部分，分别针对不同的问题进行阐述，并给出相应的解决策略和建议。希望读者朋友能够从科学的视角认识拖延症，并在阅读完本书后，根据以下三个方面进行复盘和总结，设计出一套适合自己的克服拖延症的方法。

第一，防患于未然：做好计划安排，处理好情绪压力，预防拖延行为的发生。

第二，觉察和干预：当拖延冷不防地冒出来时，及时觉察和内省拖延的动机，并主动切断拖延思维，建立对拖延过程的掌控。

第三，终结停滞状态：到底是理性地执行计划，还是舒适地享乐？在情与理拉扯的处境下，在为做与不做而纠结时，学会把理性的苛责转换成感性的触动，从而终结拖延和停滞的状态，借助微小的调整带动改变的发生，迈出行动的步伐。

感谢你选择这本书，祝你顺利地成为一个"行动派"。

目 录

终结问题5：行动阻抗

——当情与理拉扯时，触动内心的"大象" ‖ 117

终结问题6：低效模式

——切断分心的诱惑，重塑时间价值 ‖ 137

终结问题7：精力危机
——主动地补充精力，明智地分配精力 ‖ 165

自我测试：你拖延到什么程度了？

生活中哪里有窘迫和不舒服，哪里就潜伏着拖延的种子。在开始这本书之前，我们先来做一个关于拖延的心理测试：下面提供了多个生活场景或情形，请如实作答，选"是"得1分，选择"否"不记分，最后核算总分，看看你是否患了拖延症？你的拖延到了什么程度？

Q1：每天坐在工位上第一件事总是打开网页，而不是工作文档？是（1分） 否（0分）

Q2：从来没有为工作列过计划，也不了解时间管理？是（1分） 否（0分）

Q3：总选择最容易但最不重要的事做，越重要的事拖得越久？是（1分） 否（0分）

Q4：很难立刻投入行动，总想等待一个所谓的"最佳时刻"再去做？是（1分） 否（0分）

Q5：白天可以完成的事情，非要拖到晚上加班来做？是（1分） 否（0分）

Q6：总是等到全部细节到位，确保完全有把握时再开始？是（1分）　否（0分）

Q7：准备做事时脑子里频繁冒出其他想法，想先干点别的再开始？是（1分）　否（0分）

Q8：平日里习惯了懒散，许多事都想着明天再做、改天再说？是（1分）　否（0分）

Q9：无论别人怎样催促，内心都不慌不忙，对拖延习以为常？是（1分）　否（0分）

Q10：越计划越复杂，最后干脆取消计划，或是无期限地推迟计划？是（1分）　否（0分）

Q11：办公室里经常搁置零食，上班时经常吃东西？是（1分）　否（0分）

Q12：从来不会主动向上司汇报自己的工作情况？是（1分）否（0分）

Q13：每次同事或老板问及工作进展时，总说"快了，再等等"？是（1分）　否（0分）

Q14：经常因为时间紧迫，低质量完成任务，被同事或上司责备？是（1分）　否（0分）

Q15：团队协作的过程中，经常被孤立，没有人愿意与自己做搭档？是（1分）　否（0分）

测试结果解析：

0~4分：轻度拖延

你要提高警惕啦！多觉察和反思导致拖延的原因，是自身的主观问题，还是外部环境所致？有针对性地处理症结所在，防止拖延滋生，或是降低拖延的严重程度。

5~11分：中度拖延

拖延可能已经成为你的一种习惯了，想要改变它需要一点时间，也需要有耐力。在挖掘拖延动机的同时，建议多学习并掌握减少拖延的有效方法。

12~15分：重度拖延

你要重新审视自我啦！看看是否需要为自己的职业重新定位，找一份自己感兴趣和符合能力特长的工作？你需要的不仅是克服拖延的技巧和方法，还有向内探寻。毕竟，深层的价值感，才是动力的源泉。

无论你是轻度拖延，还是到了"病入膏肓"的地步，这本书都值得你认真读一读。对抗拖延的过程，也是了解自我的过程，透过表面的现象和行为，你也许会发现其他不曾探究过的问题，从另一个角度重新认识自我并提升自我，获得由内而外的蜕变！

深层动机

——没有谁会故意选择拖延，所有行为背后都有其原因

01 / 不是所有的推迟行为都叫"拖延"

提起拖延，几乎没有人会觉得陌生，打开电脑或手机，搜索一下可以发现许多关于"如何克服拖延症"的话题。可即便如此，被拖延困扰的人依旧屡见不鲜，人们对于拖延的误解和疑惑也从未减少半分。在开始探讨为何会拖延的问题之前，我们很有必要剖析一下，拖延到底是什么？

拖延症的英文是"Procrastination"，是由拉丁字根"Pro（向前）"和"crastinus（明天）"组合成的拉丁语"procrastinus（向前推到明天）"演变而来的。单纯从字面上看，"拖延"就是把事情推迟到明天，但拖延的实际意义远比字面意义要复杂。

——晚上7点，公司召开年会，你计算着时间，临近开始才到达会场。

——飞机8点钟起飞，你并没有在起飞前2小时抵达机场。

——家里出了急事，你暂时抛开一切，把所有事务都推迟了。

——有个项目可能会被砍掉，负责这份计划书的你，不慌不忙地写着。

在上述的这些事务中，都夹杂着些许的推迟，但它们不能称为拖延。换句话说，拖延包含着推迟的成分，但不是所有的推迟行为都叫拖延。拖延，是特指"非理性的推迟行为"，即明知道拖下去会让情况变得糟糕，还是办事拖拖拉拉。在拖延的过程中，我们的意识很清楚，知道自己正在距好的结果渐行渐远。

不是所有的事情都是同时发生，需要同时解决的。哪些事情现在就要做，哪些事情可以稍后再做，都是我们自己的选择。这也映射出了一个事实，不是推迟行为本身造成了拖延，而是我们如何抉择造成了拖延。

相信不会有人故意选择拖延，因为那无异于受虐，自讨苦吃。真正值得思考和探究的是：到底是什么力量促使着我们，明知有些事情当下就该做，却转而去做另外的事？

请继续往下看，你可能会瞥见脑海里某一个若隐若现的念头，或是触动内心深处某一种似曾相识的感受，那里面藏着拖延背后的原因和真相。

✎ 02 / 厌恶情结：人不可能追着完成讨厌的任务

　　论文截稿日即将到来，几人欢喜几人泪流。

　　早上8点半，马珂站在校外的图文打印店门口，焦急地等待着开门时刻。八月的夏日，闷热难耐，顺脸颊流汗的马珂，手里紧紧攥着自己的U盘，那里面存着他的毕业论文。终于等到了打印店开门，颇有经验的店员在打印之前提醒马珂：你的论文格式好像有问题，部分图表出现了乱码，个别图片也不清晰，是不是需要重新调整？

　　听到这番话，马珂的脑袋"嗡"的一声响，心也紧缩成了一团。距离截稿日期只有2天了，这不是要命吗？马珂忍不住腹诽自己：为什么事先没想过换一台电脑看看文档？为什么把写论文的事拖到现在？他真怕自己苦读十几年，败在一瞬间。

　　其实，准备毕业论文的时间是很充裕的，足足有半年之久。如果充分利用起来，真的是绰绰有余。可惜，马珂自从定了方向和题目后，就再也没有着手去做。被导师催了好几次，才递交上了一份稀里糊涂的开题报告。上交的那一刻，他已经做好了"被退回"的准备。

　　果不其然，这份开题报告遭到了导师的一通"狠批"。几经修改之后，他方才勉强得到了允许继续撰写论文。原本，马珂的写作水平就很差，再赶上一个艰难的题目，真是让他备受折磨。尽管他每天都惦记着论文的事，可终究只是惦记，而并未采取任何行动。

人类是自我合理化的动物，一旦开始拖延，自我欺骗就会接踵而至。

情景1：周五晚上，马珂制订好了写论文计划，周六一早他却躺在床上迟迟不肯起来，还告诉自己说："周末本来就是用来休息的，既然计划已经打破了，不如再睡一会儿吧！"

情景2：打开文档，手机屏幕亮了，室友发来消息邀约打球。马珂犹豫了一下，但随即就去赴约了，他心想："运动一下，也许能帮我平复焦躁的心情，写论文更有状态。"

情景3：遇到困难，需要查找资料，只是去图书馆路途遥远，一想起来就发怵。于是，马珂找了一个微妙的理由："先在网上查找一下，找不到再说。"想得很好，不料弹出的广告框，却让马珂的注意力完全跑偏了。

自我合理化，是自我防御机制的一种，即用自我可以接受、超我能够宽恕的理由，代替自己行为的真实动机或理由，以便在心理上得到安慰；有时人们也会利用一些借口来掩饰自己的行为，以及不愿意承认的事实，来避免精神上的痛苦。

自我合理化的方式，对马珂来说太受用了，屡屡帮他成功说服了自己，并不带心理负担。遗憾的是，他没有机会去了解自己的问题与症结：为什么写论文这件事被一再地往后拖？

真相，也许你我都看到了。

真相1：马珂讨厌写作，打心眼儿里不想写毕业论文！

真相2：马珂文笔较差，撰写论文的能力不足，完成这项任务颇为困难！

想想看，面对一件自己很讨厌，且还没有能力完成的事，谁会追着去完成它呢？如果可以放弃，那必然是敬而远之，趁早脱离苦海；如果不得不做，推迟行动就成了最简单、最直接、最有效的方法，能够暂时回避痛苦的选择。

无论是西方的哲学家，还是东方的智者们，都已经告诉过我们一个事实：人生的底色是苦难。从我们呱呱落地开始，人生就充满了亟待解决的问题，每个问题本身便是痛苦。

我们要如何与这些痛苦相处呢？美国心理学家M·斯科特·派克在《少有人走的路》中，给出了坦诚而中肯的建议：

"面对问题，当我们选择接受的时候，是痛苦的；解决的时候，更是不可避免地经历恐惧、焦虑、担心等痛苦。所幸的是一旦跨过这段痛苦，便会迎来喜悦和满足，获得战胜痛苦的经验，心灵亦随之成长。而当我们选择逃避的时候，会像鸵鸟一样暂时回避了痛苦。但不幸的是问题一直在那儿，不会自行消失，甚至会因错失了绝佳的解决时机而越发难以解决。另外，又平添了对自己的责备、悔恨、内疚、不满等负面情绪，痛苦愈发翻倍。"

看看站在图文打印室里的马珂，不正是"鸵鸟心态"的演绎者吗？

【终结之战】：如何完成一项讨厌的任务？

至此，我们已经清楚：当一项任务令人感到厌恶，且做起来很困难时，我们会更倾向于推迟行动。但是，生活不可能处处都随人愿，更不可能只选择喜欢的事，排除所有不喜欢的、不想做的事。我们要解决的现实问题是，如何完成一项讨厌的任务？

研究表明，把喜欢的事和不得不做的事结合起来，有助于完成原本可能推迟的事。这种方法被称作"诱惑绑定"，最初由宾夕法尼亚大学的凯瑟琳·米尔科曼教授提出。简单来说，就是把一个自己并不享受却能带来长远利益的行为，和一个让自己此刻能感到快乐的行为绑定在一起，其基本形式是：只有在做那件你想要拖延的事情时，才能做那件你喜欢的事。

假如你不喜欢跳绳，却又想获得健康的身体，养成规律运动的习惯，那么不妨把跳绳和你喜欢听的某个电台节目绑定在一起，并规定只能在跳绳时听这个节目。

这种绑定可以是灵活多变的，关键在于用诱惑对抗阻力，只要这个诱惑有足够的吸引力，就能在克服拖延上发挥一定的效用。需要说明的是，捆绑在一起的两件事，必须是能够互补的。假如一项工作需要专注，那么另一项事务也不能太分心，因为我们很难一边读书一边听书，但要是一边做饭一边听书，却是可行的。

03 / 自证预言：从习得性无助走向拖延晚期

对心理学有所了解的朋友，应该都听闻过"习得性无助效应"。

所谓习得性无助，是美国心理学家塞利格曼1967年在研究动物时提出的，即因为重复的失败或惩罚而造成的听任摆布的行为。塞利格曼用狗做了一个实验：起初，把狗关在笼子里，只要蜂鸣器一响，就施以难受的电击，狗被关在笼子里逃避不了电击。多次实验后，蜂鸣器一响，在给电击前，先把笼门打开，此时狗不但不逃跑，而是没等电击出现，就倒在地上开始呻吟和颤抖，原本可以主动逃跑的它，绝望地等待着痛苦的降临。

1975年，塞利格曼以一群大学生为受试者，得到了相同的发现。他将这些大学生随机分成三组：给第一组学生听一种噪声，他们无论如何都不能让噪声停止；给第二组学生也听这种噪声，但他们可以通过努力使噪声停止；第三组学生是对照组，不听噪声。

当受试者在各自的条件下进行一段时间的实验后，再要求他们进行另外一种实验。这个实验的装置是一只"手指穿梭箱"，当受试者把手指放在穿梭箱的一侧时，就会听到一种强烈的噪声，而放在另一侧时则不会出现这种噪声。

　　实验结果显示：在原来的实验中，能够通过自身努力使噪声停止的受试者，以及没有听噪声的对照组受试者，他们在"手指穿梭箱"的实验中，学会了把手指移到箱子的另一侧，使噪声停止。然而，第二组受试者，就是在原来的实验中无论如何都无法让噪声停止的受试者，他们任由刺耳的噪声拼命地响，也不把手指移动到箱子的另一侧。

　　为了证明"习得性无助"对日后的学习会产生消极影响，塞利格曼又进行了另外一项实验：他要求学生把下列的字母排列成字，如ISOEN和DERRO，可以分别排成NOISE（噪声）和ORDER（秩序）。学生想要完成这项任务，需要掌握34251这种排列的规律。实验结果表明，原来实验中产生无助感的受试者，完成这一项任务很困难。

　　通过习得性无助实验，我们可以清晰地看出：当一个人面对不可控的情境时，认识到无论怎样努力，都无法改变不可避免的结果后，就会产生放弃努力的消极认知和行为，表现出无助、无望和消沉等负面情绪。同时，习得性无助会进一步恶化当事人的身心状态，影响他的理性判断和学习的能力。

　　有的孩子一提起学习就蔫头耷脑，磨蹭拖拉，或是只完成不太困难的任务。面对稍有困难的挑战，他们很容易放弃，比如数学成绩不好，他们可能会说："我就是没有数学细胞，怎么努力也学不好"。之前连接不断地遭遇挫败，他们无力改变现状，就陷入了无助的心理状态中，自暴自弃。

　　不只是孩子，成年人也是如此。明明已经出现了三高的症状，却拖着不去通过锻炼身体和调整饮食来改善身体状况，很可能是因为不相信自己会变好，也怀疑自己是否能够日复一日地坚持下去。前几份工作做得都不太理想，职场人际关系紧张，被同事排挤，被领导忽视，最后又惨遭裁员，而今已经失业三个多月，明知道银行卡里的余额已不足，却还是拖着不去找工作，以各种理由为自己辩解，其实是内心不再相信自己，甚至怀疑还会不会被雇用？

　　从某种意义上讲，命运是自证预言的过程。人在陷入习得性无助中后，就会不自觉地按照已知的预言来行事，最终令预言发生。当你自认为不是读书的料，就算有时间也不会去温习，因为认定了读了也不会懂，结果考试一塌糊涂，然后就对自己说："我果然不是一个读书的材料。"当你自认为这辈子都不会有人欣赏自己，就会在不知不觉中延续会让自己变得更差的习惯，暴食、熬夜、懒散，结果真的把生活弄得一塌糊涂。

　　自证预言在现实生活中被频频验证，实际上就是心理暗示造成的结果。人在对自己进行认识、了解的过程中，很容易受到外界的影响，从而在自我认知上出现偏差。这种自我设限如同魔鬼之手，在你想要释放潜能的时候，会一把抓住你，让你退缩。最糟糕的是，时间久了，它会让我们在心里默认一个"高度"，并用它来暗示自己：我是不可能成功的。为了避免失败，唯一的选择就是拖延不去做。这一"躲"，很有可能就是画地为牢。

【终结之战】怎样走出"习得性无助"？

塞利格曼指出，消极的行为事件或结果本身并不一定导致无助感，只有当这种事件或结果被个体知觉为自己难以控制和改变时，才会产生无助感。这种归因方式容易使人产生消极情绪，最终陷入"习得性无助"中。要消除习得性无助感，最重要的是改变不良的归因模式，不要总把失败归因于能力，尝试把失败归因于努力因素，使自己更加努力。

电影《肖申克的救赎》里，对于习得性无助具备极强免疫力的主人公安迪说："每个人都是自己的上帝，如果你自己都放弃自己了，还有谁会救你。懦怯囚禁人的灵魂，希望可以令你感受自由。这个世界上可以穿透一切高墙的东西，就在我们的内心深处，那就是希望。希望是美好的事物，也许是世上最美好的事物，美好的事物永不消逝。强者自救，圣者渡人。"

◁ 04 / 惧怕失败：要是不开始，永远都不会失败

　　大学毕业的第一年，艾琳的职场之路走得颇为坎坷。

　　第一份工作是经人介绍去的，在一家电子科技公司做商务代表。涉世不深的她，不擅长处理矛盾，还满心傲气。结果，因对人事部的调动不满意，冲动辞职。当时觉得很解气，可生活很快就陷入拮据中。更糟糕的是，没有工作经验和一技之长的她，连续三个月都在奔忙着去各个公司参加面试，却没有一家给予回复。

　　某个周五，终于有一家销售煤矿设备的小公司录用了艾琳，并约定下周一上班。就在那天上午，艾琳在人才市场和一位医疗器械公司的女主管相谈甚欢，对方很看好艾琳，并邀请艾琳当天下午去公司详谈。

　　从规模和行业上来说，艾琳更倾向于后者。那天下午，她如约去了医疗器械公司。这家公司的硬件条件很好，主管开出的工资也不低，可艾琳却没有当即同意，说回去考虑一下，再给对方答复。那个周末，艾琳满心想的都是这件事，可她却迟迟没有给那位女主管打电话。

　　周一早上，艾琳径直去了那家销售煤矿设备的小公司。事实上，她并不喜欢这份工作，甚至有预感在这里做不长久，只是临时给自己找个安顿罢了。至于医疗器械公司那边，她假装一切都没有发生过。

时隔十几年后，艾琳回想起那件事，感慨颇多："当初拖着不敢给医疗器械公司那边回复，一是希望对方放弃我，二是不想承受努力之后不能如愿以偿带来的羞辱。我见证了那家公司的实力，但也正因如此，我才不敢去。我不确定自己是不是能做好这份工作，我很怕被他人审判，怕被人发现自己的不足……"

2009年，卡尔顿大学的提摩西·A.派切尔教授带领两位研究生通过研究证明：导致拖延症的恐惧是多方面的，有人是因为缺乏信心而拖延；有人是害怕表现不好丢脸、伤自尊而拖延；还有人则是害怕自己失败了，会让自己最在意的人失望，所以拖延。

加利福尼亚大学伯克利分校的理查德·比瑞博士观察到，害怕失败的人往往都有自己的一套假设，比如："我做的事情直接反映了我的能力""我的能力水平决定了我的个人价值""我做的事情反映了我的个人价值"，简单总结：自我价值感＝能力＝表现。他们需要用拖延来安慰自己，让自己相信自己的能力大于表现。毕竟，比起把自己视为无能、无价值的人，责备自己懒惰、邋遢、高傲、不协作，要容易忍受得多。

【终结之战】：如何克服对失败的恐惧？

斯坦福大学心理学家卡罗·德威克在研究"人怎样面对失败"的问题时，识别出了两种截然不同的思维模式，即僵化式思维与成长式思维。

其一，僵化式思维。这种思维模式认为，智力与才能是天生的，是固定不变的。成功就是要证明自己的能力，证明自己是聪明的、有才干的。秉持这种思维的人，总是渴望让自己看起来很聪明、很优秀，容不得任何情况下的任何错误，因为错误是失败的证据。他们遇到挫折就会立刻放弃，看不到负面意见中有益的部分，其他人的成功也会让他们感觉到威胁。他们不想做任何可能会证明自己不能胜任或证明自己没有价值的事，这就为拖延创造了条件。

其二，成长式思维。这种思维模式认为，能力是可以发展的，人可以通过努力变得更有才能、更优秀。秉持这种思维的人，会持续不断地学习，勇于接受挑战，在挫折面前不断奋斗，会在批评中进步，在别人的成功中汲取经验，并获得激励。他们不会要求自己立刻擅长某件事，有时还会刻意尝试一些自己不擅长的事，激发自身的潜能。

那么，成长式思维要如何养成呢？

在此提供几条指导性建议，有需要的朋友可以参考：

Step1：认识并接纳自身的弱点

Step2：把挑战视为学习和成长的机遇

Step3：找到自己的最佳学习方式

Step4：注重成长，而非被他人认可

Step5：享受学习过程，接纳超过预期计划的事情发生

Step6：学会给予并接受建设性意见，把批判视为学习的途径

Step7：不断制定新目标，学无止境

碍于时间和客观条件限制，无法对上述内容逐一展开，详细阐述。毕竟，自我成长是一项系统的长期工程，需要花费时间和心力去学习和实践。以上所列，意在提供大致的方向，无论怎样，有章可循总好过大海捞针，希望这些建议可以让你少走一些弯路。

05 / 约拿情结：为什么我无法安心追求成功？

凌素的大学主修专业是汉语言文学，偶然的一次机会，她参加了校内举办的一个集体心理学的课程。随着课程的深入，她发现自己对心理学非常感兴趣，是她真正喜欢的领域。

课程要求，每周交一份2000~3000字的心理学文章。凌素觉得太过简短的篇幅无法透彻地分析问题，便将文章的字数设定在5000字。想法是好的，可她总是因为其他原因而拖延，错过正常递交的时间。到了期末，要撰写论文时，她也做了大量的研究工作，却还是没有如期递交，结果这个课程只得了70分。

结合凌素的平日表现，教授找她谈了一番话。在交谈的过程中，教授说了这样一句话："我认为，你似乎有点儿害怕……"凌素本以为教授会说"失败"，没想到教授说的却是"成功"。凌素简直震惊了，她自己都没有意识到，她竟然害怕把自己喜欢的事情做好。

实际上，接触心理学后，凌素就想过转专业，且教授也很看好她。如果她转了专业，就意味着她要和一群新的同学和老师相处，走一条与之前设想的不一样的职业道路。她能够听到内心的召唤，却有一股力量拽着她，让她不敢去追随。因为这意味着很多改变，也会让她觉得自己真正擅长某个领域，这跟她惯常低调谦卑的形象完全不符。在她的信念里，似乎只有处处优秀、被父母视为骄傲的姐姐，才有这样的资格。

成功的体验是美好的，可许多人在面对成功的时候，内心却是矛盾的。他们想把事情做好，无意识中的焦虑又让他们适得其反，结果就导致了拖延。

林杉是一位建筑设计师，心心念念将来有一天能拥有自己的设计公司。然而，工作这些年，那些新奇的创意多半都只存活在他的脑海，鲜少会跃然纸上。整个设计院里，没有谁愿意跟林杉合作，因为他有严重的拖延倾向，总是不能在最后期限之前截稿。林杉自己也觉得痛苦，为什么不能把设计在电脑上绘制出来，让所有人看见呢？

其实，林杉希望别人喜欢他的设计，但如果有人称赞他，他又会感到不安。所以，他的注意力多半都集中在自责与自愧上。在一次心理咨询中，林杉终于逐渐看清了自己的内心，并说出了那份不安到底是什么？

"如果我做得特别好，我开设了自己的公司，那么我就会成为周围人关注的焦点。他们会在意我的生意是否成功，期待我是否能够不断拿出有创意的作品……我害怕那种期待，要满足这种期待的话，我必须不断地加压、不停地工作。那样的话，我可能就没有自由去享受生活的乐趣，以及懒散的惬意。"

很显然，用拖延逃避成功的林杉，其实是害怕成功之后，别人对加大对自己的期待，这让他感到焦虑。这就如同跳高，你一次又一次地努力，终于越过了1.2米高度的横杆。然后，你眼睁睁地看着，别人把横杆升高了。

现实生活中，人们对成功的渴望，远比对成功的畏惧，更容易被识别出来。正因如此，很多拖延者自己都没有意识到，他们总是拖延或不参与竞争，目的是把自己的优秀掩藏起来，逃避成功及其附带的某种"威胁"。

对于这样的现象，美国心理学家马斯洛将其称为"约拿情结"，并在笔记中这样描述道："我们害怕变成在最完美的时刻和最完善的条件下，以最大的勇气所能设想的样子。但同时，我们又对这种可能极为推崇。这是一种对自身杰出的畏惧，或躲开自己的卓越天赋的心理。"

为什么叫"约拿情结"呢？这源于《圣经》里的一段记载。

先知约拿奉上帝之命，前往尼尼微城去传信息。这是一项难得的使命和荣誉，也是约拿一直以来向往的。可是，当他完成了这项使命，看到荣誉摆在自己面前时，却感到了恐惧。于是，约拿把自己隐藏起来，不让别人纪念他，并认为自己所做的事是不得已的，是承蒙神的恩典才完成的，名不副实。借助这样的方式，约拿想把众人的目光引到神那里去。

明明很渴望机遇，却在机遇到来的那一刻，选择了退缩与逃避，这就是"约拿情结"。正因为这一心理的存在，很多人不敢去做自己原本可以做得很好的事，甚至逃避挖掘自身的潜力。这听起来似乎有些矛盾，不容易理解，但这的确是事实：人们渴望成功，却也害怕成功，因为凡事皆有代价。抓住成功的机会，意味着要付出相当大的努力，面对许多无法预料的变化，并承担可能失败的风险。

【终结之战】：怎样摆脱约拿情结，走向自我实现？

心理学家研究发现，约拿情结作为一种普遍存在的心理现象和社会现象，其产生原因可以归结为三个方面：

其一，如果早年因自身条件的限制，经常产生"我不行""我做不到"的想法，即便日后有足够的能力，惯性也会让一个人保持这种自卑的心态。

其二，如果周围环境没有办法提供足够的安全感和机会帮助一个人成长，那么他就很容易"患得患失"，从而丧失有利的发展机会。

其三，如果所处的社会文化过分强调"低调谦虚""不要出风头"，为了迎合大众心理，人也可能会隐藏光芒，自甘平庸。

那么，要如何才能摆脱约拿情结的束缚呢？

当你在靠近自己渴望的目标的过程中，一旦心里隐隐产生想要逃避的想法时，你要知道，这是你的防御机制在发挥效用，你在试图退缩到自己内心建立的安全堡垒中。意识到这是防御之后，就要鼓起勇气打破它，过程必然伴随着痛苦，因为远离了舒适区。

正所谓不破不立，只有打破原有的心理防线，才能逐渐扩大心理领域，彻底地改写生活。有时候，小试一把，获得的鼓励和肯定，会成为下一次行动的驱力。生命是一个连续的过程，每一个选择面前都存在进退的冲突，如果每次都选择勇敢地前进一步，那么积累起来，就是不可小觑的大跨越。

06 / 完美主义：想等到万事俱备的那一刻

　　提起拖延症，很多人立刻会联想到懒散、不自律，其实并非所有的拖延症患者都没有上进心。相反，他们中的不少人对自己要求甚高，倾向用完美主义的方式思考问题，一旦达不到自己设立的标准，就很难全心投入其中，这才诱发了拖延。

　　可能会有人质疑，连工作任务都完不成，总是拖沓着不去行动，这怎么看都不像是完美主义？其实，完美主义向来不是以工作结果或工作过程来评判的，而是以他们对自己的期待来评判的。关于这一点，我个人深有体会。

　　我在取得职业资格证书三年以后，才正式接个案。一直以来，我对心理咨询工作心存敬畏，对每一位鼓起勇气走进咨询室的来访者都充满了敬畏。毕竟，人要直面自己的内心，真是一件艰难又困苦的事。正因如此，我更觉得自身的心理学知识不够完备，哪怕一直坚持不断地走在学习路上，却还是想做更充分的准备，用专业的技能、真诚的态度，协助每一位选择我、信任我的来访者，探寻他们未知的心灵世界。

　　当身边同辈的咨询师们逐一开始接个案时，我依旧站在这扇大门之外。尽管我已经具备了从业的资质，也准备了很长时间，可我还是在跟自己说："再等等吧，再多学习学习，准备得更充分一点再开始。"其间有不少读者找过我，想要做心理咨询。我给出的回应是，目前没有时间，也还没有准备好，但可以介绍更有经验的咨询师给他们。给出这样的回应后，读者们多半都不太愿意。这也是情理之中的事，内心的悲伤和痛苦，不是面对任何人都能够说出来的。在屏幕另一端，我能感受到一些读者的失落。

转变的契机发生在我参加中级咨询师系统培训课程之后。开课后不久，我遇见了两位之前共同起步的同学，她们也在心理领域继续深耕，从未停下精进的脚步。与我不同的是，他们已经做了几百个小时的个案咨询，真正踏上了从业之路。

午休时一起吃饭，在谈到某些问题时，我发现他们的见解比我要深入多了。我也没有避讳，说起了内心的犹豫和担忧。我清晰地记得，同学跟我说了一句话："不存在真正学'好'的那一天，教学相长就是了。"

回去之后，我一直琢磨这句话，内在的一些东西也开始逐渐清晰。原来，我一直拖延接个案是因为过分追求完美，希望可以协助来访者解决他们的问题，也害怕自己在咨询过程中存在处理不当的情况，所以总希望准备得足够充分，再开始去做这件事情。

事实上，再资深、再有经验的心理咨询师，也不一定能够帮助所有的来访者解决问题，也不能做到任何时候都不出现"失误"，因为每个人都有局限性。况且，真的做到完美，也未必是好事。当咨询师变成了无所不能的"神"，来访者会是什么感受呢？一段优质的咨访关系，应当是相互促进的，真实与真诚都很重要。

解开这一心理症结后，我没有再逃避，也没有再拖延，而是开始正式接受来访者的预约。这件事并不容易做，但也没有想象中那么艰难。在最初的阶段，我也遇到过来访者的沉默与阻挡，但我并没有慌张。事后，我会反思自己在咨询中的处理方式，觉察到哪里有问题或不足时，会思考如何改进；如果真的有困惑，也会主动寻求督导。在这个过程中，我更为真切地领悟到理论在实践中的呈现，如果不是亲自去做咨询，是不可能完全理解的。

生活中的某些拖延行为，其实并不是我们缺乏能力或努力不够，而是某种形式上的完美主义倾向或求全观念使得我们不肯行动，导致最后的拖延。总想着要把事情做到滴水不漏，完美至极，不停地苛求，结果就是迟迟无法开始。

【终结之战】：怎样让适应不良型的完美主义者恢复健康？

完美主义不都是消极的，有"适应型"与"适应不良型"之分。

适应型的完美主义者，对自己的期望很高，虽然追求完美，可从未忘记尊重现实，他们相信自己有能力实现这份"完美"，并不断地为之努力。最终，他们也真的走上了成功之路。

适应不良型的完美主义者，对自己的期望也很高，可这种期望是不切实际的。说白了，连他们自己都不确信能否实现内心的期待。在期望的同时，他们也会为这份期望懊恼，极力逃避"期望难以实现"的事实。拖延，恰恰就是他们逃避的途径。

怎样才能让适应不良型的完美主义，逐渐回归正常的轨道呢？

要点1：杜绝"万事俱备再行动"

每一个冒险都会带来困难和变化，正所谓"计划赶不上变化"。即便你这一刻考虑得很周详，计划得很缜密，也无法准确预测最后的解决方案，过程中依然会有意外发生。所以，做好迎接困难的心理准备，大胆去做。

要点2：行动的过程中不断修正方案

任何人都无法在行动前解决掉所有问题，聪明的人往往是在行动的过程中不断地修正方案，遇到麻烦积极地想办法解决。

要点3：提醒自己不完美也没关系

当你力求完美，用拖延来延缓焦虑的时候；当你钻牛角尖，为某些瑕疵纠结的时候；当你对某件事物感到恐惧和不自信的时候；当你萌生了贪婪、嫉妒的情绪的时候……都可以提醒自己说："没关系，没有谁是完美的。"当你承认了不完美是常态，接纳了那个有缺陷的自己时，心里就不会再有拧巴的感觉了。

要点4：不必过分强调细枝末节

细节固然重要，但全局意识更重要。做一件事时，总要在完成的基础上，再去修正和完善；总得先有轮廓和框架，再谈具体的内容。千万不要因为某种形式上的完美主义倾向而导致最后的拖延。

万物有裂痕，光从痕中生。愿你能与自己和解，放下对完美的执念。

07 / 被动攻击：看见躲在拖延背后的愤怒

28岁的苏怡，身材生得娇小，个性却颇有棱角。她的职场路一波三折，前后换了三四家公司，总是碰到"合不来"的上司。眼下，苏怡正在一家文化公司担任策划。不过，她已经跟闺蜜透了底，这份工作做不长了。

"我实在看不惯那个女魔头，每天事事儿的，拿着鸡毛当令箭，以为公司是她开的呢！我这个人虽说没有很强的事业心，可自问做事还算靠谱，每次的策划案都是用心做的，部门的同事也觉得不错。唯独到了她那里，这也不行，那也不行，非得按照她的想法再修改一遍……我看过她修改后的方案，不是在我的基础上添油加醋，就是给改得面目全非。最后，交到老板面前，说她自己付出了多少心血！这种做作的样子，太让我讨厌了。

"我心里憋屈啊！以前，我就那么忍着，把怨气藏心里。后来我想想，干嘛非得委屈自己呀，很多时候错并不在我。现在，给我安排下来的策划案，我就给她拖着，哪怕脑子里有想法，也迟迟不交上去，看她急得像热锅上的蚂蚁，我觉得特痛快，内心一下子就平衡了。我就是想看看，她在老板面前出丑的样子……"

　　熟悉苏怡个性的闺蜜觉得，苏怡选择用这样的方式释放对上司的不满，很符合她的个性。一直以来，她都是个我行我素的"自由派"，讨厌被世俗偏见以及那些不必要的规则束缚。学生时代，如果老师布置的是开放式的作业，让大家自由发挥，苏怡每次都能出其不意，且乐此不疲。如果是限制题目，她会觉得很压抑，每次都要延期才交，做的内容也比较糊弄。

　　这里有一个疑问：苏怡的做法完全是个性使然吗？换成另外一个性格内敛的人，会不会也用拖延的行为表达自己内心的不满呢？答案是肯定的。

　　博士生小K因为重度拖延，已经读了9年，还未毕业。他牺牲了所有娱乐的时间，熬夜改论文，做试验前的准备，看起来似乎一直都在行动，其实他3年前就在改文章，说要补充数据，可3年过后，进度还是老样子，实验始终没能真正开始。

　　通过深入了解，我才知道他对自己的导师充满了愤怒，因为导师压着他的文章不让发表，科研上没有做具体的指导，只是一味地批评他、否定他。他有两位博士师弟，因为难以忍受导师的作为直接选择退学，另一位师姐因为对导师不满闹到学校，后来换了导师，一年后就发表了文章，顺利毕业。

　　老实的小K不敢表达对导师的不满，也承受不了退学的代价，就只好拿出积极的态度，通过做各种其他事情来拖延自己真正需要面对的问题。每次导师找他，他都在忙，但这种勤奋只是战术层面的，目的是掩盖战略上的拖延，做的全是无用功。

身处在权力等级的关系中，直接跟上司（或导师）抗衡不太现实。在这样的处境下，拖延就成了表达愤怒的一种手段。无论是苏怡还是博士生小K，都是在通过拖延来表达抗议。

心理学将"攻击"分为两种，一种是主动攻击，另一种是被动攻击。所谓被动攻击，也叫作隐形攻击，就是用消极的、恶劣的、隐蔽的方式发泄愤怒情绪，以此来攻击令自己不满的人或事，其表现形式有很多，如表面服从，暗地里以拖延、敷衍、不合作等方式妨碍工作；不给予表扬，挑剔他人；经常性地迟到，轻易可以履行的承诺却总是食言。

人之所以会选择被动攻击，原因是多样的。

通常来说，被动攻击都是权力地位较弱的乙方发起的，目的是避免正面冲突，他们不敢或不愿违背对方的要求，只能表面上顺从，背地里进行破坏性的工作，以示抗议。如果组织中有一个专制型的领导，很难容忍不一致的意见，周围人多半都不会去挑战他的意志，转而诉诸于被动攻击。

有些人在成长过程中，受家庭观念的影响，不允许表达负面情绪，否则的话就会招来惩罚或批评。这就限制了一个人愤怒情绪的表达，将来走向社会后，他就容易倾向于用被动攻击的方式来表达不满。

【终结之战】：如何减少对他人的被动攻击？

被动攻击是一种不成熟的自我防御，因为它没有从根本上解决问题。你以拖延的方式表达不满和愤怒，但对方并不了解你的感受，也就不会做出改变。下一次，他们还会以同样的方式对待你。更糟糕的是，这种被动攻击还可能会破坏彼此的关系，如长时间不回复消息、拖延完成任务，这样的做法会让对方沮丧又懊恼。

我们怎样才能避免这样的情况发生呢？或者说，如何减少用被动攻击的方式处理问题？

Step1：认识被动攻击的行为模式

当有些问题"被看见"了，就有了理解和改变的可能，怕就怕意识不到问题所在？通常来说，被动攻击主要有以下几种典型模式：

- 否认愤怒——我很好，没关系。
- 口头顺从，行为拖延——我打完游戏就去工作。
- 停止交流，拒绝沟通——你说得对，就听你的。
- 故意降低效率——我做报表了，但没想到你是要最近一个月的。
- 规避责任——我以为这是××负责的。
- 忘记重要的事——我忘了检查细节。

也许，在过往的日子里，你不知道自己为什么会出现上述情景，但现在希望你能够意识到，它们可能是一种信号，提醒你内心对某人或某事存在不满，你要重视它。

Step2：尝试接受自己的愤怒

威斯康辛大学绿湾分校心理学博士瑞思·马丁，长期致力于对愤怒的研究。他在TED演讲中提到：愤怒这种情绪并无"问题"，它是一种提醒。当我们愤怒时，要思考一下，到底是什么让自己如此生气？是对方强势的态度，对自己的不尊重，还是其他问题？无论是哪一种，当我们能够正视愤怒时，就对自己有了更深入的了解。

Step3：向自己信任的人表露情绪

想要立刻改变被动攻击的行为模式，并不是一件容易的事，毕竟它已经成为一种自动的习惯。不过，就像我们前面所说，在意识到有些言行可能是被动攻击时，可以尝试向信任的人表露情绪。心理学研究证实，当我们能够坦诚地表露自己的感受时，不但不会损害关系，反而还会促进彼此的情谊。

⟋ 08 / 自欺欺人：先踏上一条看似安全的岔道

上次去妇幼保健院的口腔科洗牙时，碰见了许久不见的高中同学，她带女儿来补牙。

在妇幼保健院看牙的患者中，90%都是孩子。有些孩子的牙齿已经烂到了根部，只能拔掉烂根，更有甚者，已经影响到了牙槽骨。同学告诉我，她女儿的乳牙基本上全都坏了，有两颗牙已经拔掉了，她们的看牙历程已经有4个月了，每周都要来一次。

碰到这样的情况，多数人心里都会产生疑问："怎么不早一点儿带孩子来看呢？"在医院里，我们也经常会听到这样的询问声。但我知道，面对已经不可更改的事实，向当事人询问这样的话，是一种莫大的伤害，会让他们更自责。

所以，我没有深问，只是简单地聊了一下治疗方式，也安慰她说，现在乳牙都在积极治疗，过两年还会换恒牙，定期检查的话，有什么问题都能及时解决。见我的态度比较中立，对她没有任何评判，同学的语气和态度突然变了，竟主动跟我说了她的感受和想法。

"孩子的牙齿，从两岁多就开始有变黑的迹象了。开始，就是前面的门牙泛黑，我也没太在意。后来，其他的牙齿陆续也开始有黑色的龋齿，我想过带她来看，可又担心她年龄太小，不能配合医生，在治疗室大哭大叫。再者，我自己也发怵，就一直拖着没看。

"我知道孩子的牙有问题，也知道龋齿不治疗会变得严重，但看孩子平日里不疼不痒，吃喝都正常，我就抱着侥幸心理，希望能坚持到换牙。前段时间，孩子突然喊牙疼，吃不了东西，晚上也睡不好觉，我知道这件事拖不了了。虽然心里还是很发怵，可是没办法了呀，不面对不行了，就来医院了。

"想想自己也挺愚蠢的，知道孩子的牙有问题，就是拖着不看，还希望问题能自己消失。要是早点带她来，可能问题没这么严重，治疗起来也没这么费劲。孩子配合得挺好的，是我把她想象得太脆弱了，真正胆小的人，其实是我自己……"

听完同学的讲述，我内心也很感慨。她就像一面镜子，让我照出了自己的某一个侧面，也折射出了现实中的一些真相。面对一个棘手的问题时，我们会有恐惧和担忧，心里明明知道它需要被解决，却因为克服不了心里的障碍，迟迟拖着不去处理。

拖延的时候，我们会感到一时的轻松，因为不用去面对害怕，也不用承受痛苦。这是一种逃避，也是一种自我麻痹。但你我都清楚，问题不会凭空消失，你不去处理它，它就会像滚雪球一样，越滚越大。我们内心的那一点侥幸，不过是希望问题爆发的那一刻，能够来得晚一点，再晚一点，仅此而已。

【终结之战】：怎样克服侥幸心理？

1963 年，气象学家罗伦兹提出了著名的"蝴蝶效应"，其意为：南美洲亚马孙河流域热带雨林中的一只蝴蝶，偶尔扇动几下翅膀，就可能引发两周后美国德克萨斯的一场龙卷风。因为，蝴蝶扇动翅膀的时候，导致了周围的空气系统发生变化，产生了微弱的气流。这股微弱的气流又会引起四周空气或者其他系统的相应变化，这一系列的连锁反应，最终导致其他系统出现极大变化，酿成可怕的龙卷风。

平日看起来暂无大碍的拖延，不认真对待，或是放任自流，心存侥幸，都有可能让最初的小麻烦演变成复杂的大麻烦。人生中的每一次心存侥幸，每一次不经意的抉择，都可能是一个蝴蝶效应的开始。

古人有云："祸患常积于忽微。"意识到小问题存在的时候，不要总想着往后拖，更不要心存侥幸。一旦觉察到侥幸心理的浮现，就要提醒自己——不怕一万，就怕万一！要是小麻烦变成了烂摊子，收场的人还是自己。

09 / 逃避责任：不想对决策的后果负责

习惯拖延的人，往往都伴随着决策困难症，芸芸就是一个典型。

她在原单位做得有点儿不开心，因为公司在很多方面不够规范，执行计划比较艰难，这也促使了她作出离职的选择。随后，芸芸又去面试了一家新公司，这家公司规模较大，各项规章制度比较完善，但要求也很高，且工作强度大，薪资待遇和之前差不多。

前公司的老板比较器重芸芸，在她离职后，跟她微信谈了两三次，希望她还能回去。就这样，芸芸犯了难：一方面，觉得新公司规模大，相对规范，但担心工作强度吃不消；另一方面，既享受前公司老板的信任，又怕回去之后，工作的状态和原来一样。

她每天不停地对比权衡，问了身边一个又一个人，反复在微信上复制自己的那些想法，听听周围的人都有什么样的想法和建议。我觉得自己比较"苦"，是最后一个被问到的人，但她会把之前所有人的建议都截个图，一股脑地发给我。每天打开微信，都有一连串的消息，差点儿勾起了我的"暴脾气"。

芸芸跟原公司的老板说，自己还没有想好去留的问题。与此同时，她又跟新公司说，自己还没有完成离职的交接手续，需要一点时间来处理。然后，她就用这段时间翻来覆去地思考，越想越复杂，越想越不知道该怎么做决定？

后来，她再跟我念叨这件事时，我直接说了一句："人不能什么都想要啊！天底下不存在没有弊端的选择。"芸芸说，道理她都知道。可我不明白，既然都懂，那到底在担心什么呢？问遍了周围的人，是想让大家帮忙投票做选择吗？最后，芸芸告诉我："可能，我就是害怕选错，不敢去面对那样的结果吧！"

拿破仑·希尔说过："在你的一生中，你一直养成一种习惯：逃避责任，无法作出决定。结果，到了今天，即使你想做什么，也无法办到了。"遇到问题思前想后，拖拖拉拉，患得患失，往往会错过很多重要的东西。

对于芸芸的状况，我心里有个疑问：思虑过多，是不是和个人缺乏竞争力有关？之后，在翻阅心理学的书籍时，我发现心理学家们早就开始关注这个问题了，还有人特意研究了"决策困难者"与"果断者"在做事时的情况。

实验的过程是这样的：让决策困难者和果断者把一副纸牌中红色与黑色的纸牌分开，然后再把黑、红、梅、方四种牌分开，并记录他们完成任务的时间，以及分类的准确率。同时，心理学家还让被试在分牌的过程中，时刻注意白灯的情况，一旦白灯亮起，就要以最快的速度按下按钮。在进行100次的试验后，心理学家要求所有被试看见白灯亮了，就按下按钮；看到红灯亮起，就不按。

最后，心理学家们得出了一个结论：决策困难者在竞争力方面，并不比那些行事果断的人差，他们也可以有效地工作。当他们必须作出一个决定时，在速度上与果断的人基本上是一样的，且准确率也差不多。

这就是说，决策困难者并不缺乏快速作出决定的能力，是他们自己选择了放慢速度。频繁地作决策，给决策困难者带来的伤害，远比对果断者的伤害大。换而言之，优柔寡断的人在作了一定数量的决策后，就难以继续作其他决策了，但果断者不会受到什么影响。

就像芸芸一样，决策困难者之所以害怕选择，主要是不想承担坏的结果或损失。就如心理学家沃尔特·考夫曼所说："患有决策恐惧症的人，通常不会自己作决定，而是让别人替自己来决定。这样的话，他们就不用对后果负责了。"

不过，生活是一场人人都得参与的比赛，必须加入，无法逃避。冒险和博弈，是生命的重要组成，作决策是一种挑战，也是必经的经历。一个没有担当的勇气、没有明确的目标的人，注定会变成懦弱、没有主见的傀儡。

【终结之战】：如何才能打破决策拖延？

约瑟夫·费拉里说过："对于我们所有人来讲，作出每一个决定都不容易，大到正确的投资、选择新的职业，小到买哪个品牌的冰箱，都不是一件容易事。但是，如果你用对了方法，即使棘手的事情也可能会变得简单。"

针对决策拖延的问题，费拉里提出了以下几条建议：

第一，限制选择的数量

面临的选择过多，优柔寡断的人更容易犯决策困难的毛病。为了避免这个问题，就要尽量把选择范围缩小。比如，准备换工作时，可将工作分为全职和兼职两种。扪心自问：我是想要自由一点的工作，还是希望稳定一点，每天待在办公室？作出第一个判断后，再在其中进行划分，直至得到自己满意的答案。

第二，权衡得失利弊

决策的实质，就是作出某种选择。既是选择，肯定就有得失。想让决策更加理智，减少后悔和遗憾的发生，不妨给自己列一个利弊清单。比如，想买一栋房子，同等价格之下，郊区能够买一个大点的，市区只能买一个很小的，怎么抉择呢？

试着把两种情况的优劣势全列出来，对比一下，权衡利弊，谨慎考虑：小房子的面积够用吗？大房子周边的配套设施完善吗？上班要花费的时间和精力是怎样的？搬到郊区住是否还需购车？把这些情况全都考虑清楚后，再作决策就会简单一些。

第三，决策不能太匆忙

我们一直强调决策困难带来的弊端，但不等于提倡匆忙作决策，而是要在收集了重要信息之后，迅速作出决定。当然，不必收集所有的信息，因为这不太现实，只要达到80%就够了。之后，以信息为基础，用理性战胜感性，这样作出的决策就会可靠很多。

第四，左顾右盼不可取

作出决策之后，最忌讳的就是左顾右盼，总想着另外的一种可能。这是很不可取的，选择之前要谨慎，选择之后就要坚定，顺着自己所选的路走下去，才是正确的态度。

第五，记录真实的想法

在行动的过程中，我们的脑海肯定会不时地冒出一些奇怪的念头，阻止行动的继续，迫使我们停下来。每次出现这样的想法时，不妨把那些想法记下来，了解自己在什么地方出了问题，然后把它梳理好，解决掉。哪怕这一次的结果不太好，甚至是失败，也没关系，至少找到了自己的问题所在，也尝试了去解决，这也是一种进步。

10 / 即时倾向：拖延的"阿喀琉斯之踵"

时光倒退到1999年，国外的3名专家开展了一项和人类选择倾向有关的研究。

他们招募了一群受试者，提供24部电影候选名单，让他们从中选出3部。这些电影中，包含不少符合大众口味的影片，如《窈窕奶爸》《西雅图不眠夜》，也有一些耐人寻味的经典影片，如《钢琴家》《辛德勒的名单》。专家们想看看，这些人是会选择娱乐性的大众电影，还是会选择有深度、有内涵的电影。

实验开始后，受试者们各自挑选出了自己比较喜欢的3部电影。专家随即要求他们从中选择1部，第一天就观看；再选出1部，两天之后看；最后1部，留在四天以后看。

受试者们几乎毫无差别地选择了《辛德勒的名单》，因为这部电影实在太经典了。不过，只有44%的人选择在第一天观看《辛德勒的名单》，多数人在第一天都观看了娱乐性的电影，如《生死时速》《变相怪杰》等。人们似乎总是喜欢把有深度的经典电影留到最后，在第2部和第3部电影的观看选择上，分别有63%和71%选择有深度的影片。

之后，专家们又进行了另外一项实验。他们要求受试者选择可以一次连续看完的3部影片。这次，只有之前实验的1/14的人选择了《辛德勒的名单》。

通过这些实验，专家们发现：人们在做选择的时候，总是会不自觉地倾向于安逸的事。这种行为倾向被称为"即时倾向"，即现在可以得到的满足感更重要，只要现在舒适安逸就好，懒得去思考问题。现在想要的东西，以后未必还想要，所以不妨先满足即时的需求。

了解了这一选择倾向后，就很容易解释生活中的拖延现象了，如一时兴起买了一堆煲汤的食材，塞满了橱柜，却只做了一次；买了一堆书，希望借助读书提升自己，结果就摆在了书架上，待表面都落满了灰尘也未拆封；计划着上午要加班完成一篇稿子，醒来却抱着手机刷剧，到了中午才起床……这些都充分印证了一个事实，人们在做选择时会不由自主地倾向于安逸的事，这也是让人陷入拖延的一个重要原因。

另外，时间本身也会增加即时倾向和拖延之间的关系。我们在理解明天要达成的目标、要完成的事项时，更倾向于用宽泛的、模糊的语言，如"锻炼身体""加薪升职"。然而，在看待今天的目标和任务时，却会包含更多的具体细节，如时间、地点、内容、对象等。两者相比，自然是用具体语言描绘的目标，如读《三个火枪手》这本书，比用抽象语言描绘的行动或目标，如读书提升自我，更容易令人着手去做。

人们总喜欢用抽象的语言构建长期目标，这就直接增加了拖延的概率，往往当这些目标变成了短期目标，才开始进行具体的思考。现在，你就可以体会一下这种感受：

· 想象一年后的某个时刻，你会给自己买点什么？

· 想象你的银行卡有七位数的钱，今天必须全部花掉，你会怎么用？

对于一年后要买的东西，我们往往没什么特定的概念，大概就是"一件优质的外套""一件漂亮的家具"，这些目标都比较宽泛和模糊。对于今天的消费计划，那一定是鲜活而具体的，你可能会说出"买一件Max Mara的米色外套""一辆丰田的埃尔法汽车"。你能描述出那件外套的细节，包括扣子的形状；你还能说出那辆汽车的内饰是什么样，以及宽敞的空间带来的乘坐体验……在对比一个抽象的选择和一个具体的选择时，我们的兴奋感是完全不同的。很多时候人会选择拖延，也是因为看待此刻时更具体，看待未来时更抽象。

英国哲学家约翰·洛克曾尖锐地指出："那些不能控制自己的性情倾向，不知道如何抵制当前快乐或痛苦的纠缠，不能按照理性告诉他的原则去行事的人，缺乏的是德行和勤勉的真正原则，而且他因此正处于将来落得一事无成的危险境地。"

即时倾向喷薄而出的欲望，可以压倒任何其他的拖延原因，将其称为"阿喀琉斯之踵"，一点都不夸张。相传，阿喀琉斯的脚后跟，是他的身体中唯一一处没有浸泡到冥河水的地方，也是他唯一的弱点。在后来的特洛伊战争中，阿喀琉斯被毒箭射中脚后跟而丧命。后来，人们就用"阿喀琉斯之踵"来形容致命的软肋或弱点。

如果一个人很容易冲动，总是向即时快乐投降，那么他在生活的各个方面都容易拖延。更糟糕的是，即时倾向造成的危害还远不止于此，恋爱关系不良、差劲的领导力、药物滥用、暴力、自杀等问题都与之相关。你可以想象得到，当恶习比美德带来更多的即时满足感，会造成什么样的必然结果？

【终结之战】：我们该拿"即时倾向"怎么办？

大量的心理学实验表明，满足自己一时的情绪需求不是最佳的策略。从长期角度来看，它会降低一个人的自我满足感和幸福感。如果你有过拖延的经历，想想那些恼人的负罪感和焦虑感，你就会理解这句话的深意。

M·斯科特·派克在《少有人走的路》中指出，人生苦难重重，自律是解决人生问题最主要的工具，而实现自律的第一步就是"推迟满足感"：为了更有价值的长远结果，放弃即时满足，不贪图暂时的安逸，重新设置人生快乐与痛苦的次序：先面对问题并感受痛苦，然后解决问题并享受更大的快乐，这是唯一可行的生活方式。

那么，怎样做才能够推迟满足感，不被当下的诱惑吞噬呢？

方法1：先发制人，在被欲望控制之前采取行动

很多人都不缺少长期目标：减肥、戒烟、读书、运动……清早起床的时候，愿望十分清晰，决心要在上午读书、吃健康餐、去健身房，结果看到剧集有更新、闻到黄油和奶香的味道，意志力瞬间就被瓦解了。

对于这样的情况，如果我们能够预先预料到这些强大的诱惑，就可以先发制人地将其阻挡在门外。比如，你经常刷新闻，延迟开

始工作的时间，那么干脆在坐到工位上的那一刻，把手机塞进抽屉或背包；你忍不住乱花钱，干脆对绑定的银行卡限额，或出门只花准备好的现金，以防打破预算。

方法2：用一种安全和可控的方式满足正常需求

我们并不是要彻底地压抑欲望，那样的话，很可能会在有限的意志力被耗尽后，彻底失控。真正持久而有效的方法，是在欲望增强并控制我们之前，用一种安全和可控的方式来满足它们。比如，你受不了美味蛋糕的诱惑，那么在吃掉一整块蛋糕之前，选择只保留其中的1/4，其余的分给家人或朋友，这样既满足了味蕾，也可以避免多吃。

方法3：将诱惑抽象化和象征化，或对诱惑进行丑化

越是试图压抑一种欲望，越是容易反弹。与其如此，不如在精神上与诱惑保持距离，将其抽象化和象征化。心理学家试图让孩子推迟吃椒盐脆饼时，选择让他们把注意力集中在饼干的形状和颜色上，而不是味道和口感上。他会这样向孩子们描述椒盐脆饼："它们又细又长，就像一根根的小原木。"

用抽象的符号看待世界，可以让我们的大脑摆脱受控于刺激的边缘系统，促使我们作出更有利的选择。如果试着对诱惑进行一些丑化，或是与不愉快的景象之间建立联系，在诱惑之中植入不愉悦的因素，效果也很明显。比如，想要贪食的时候，想想自己的胃被塞满东西的撑胀感；想推迟工作的时候，想想自己曾经因拖延饱受的焦虑和自责……你可能会"清醒"很多，不再任由冲动做主，而在行为上有所收敛。

>>>>>
>>>>>

稍后思维

——斩断拖延思维，走出你的"自以为是"

01 / 拆穿思维陷阱，斩断拖延的自动进程

人们常说："耳听为虚，眼见为实。"

在不了解心理学之前，我们可能对这一说法深信不疑。然而，在深入学习心理学后，我们就会知道，人对于外界事物会存在不正确的知觉，也就是"错觉"。尽管亲眼看见了一些东西，可那未必是真的。

当你坐在停靠在车站的火车上，看着另一辆从车站开出的火车时，是不是觉得站台在移动而那辆火车是静止的？其实，这就是站台错觉，是因为两个对象的空间相对关系发生了改变，而又缺乏更多的运动知觉的参照物。

人类对世界客观事物的认识，通常分为两个阶段：感性阶段和理性阶段。感觉和知觉属于感性阶段，上面描述的错觉就是一个典型的例子。思维是理性阶段的认识过程，但它也同样存在错觉。当大脑按照经验对一些社会现象、经济现象等复杂问题进行思考时，大脑会自行判断、自行完善信息，为了节约大脑判断的步骤和时间，大脑还会把一些长期经验当作无须认证的公理来处理复杂问题，这就导致了思维的错误。

对于那些非常偶然的事，人们总是以为凭借自己的能力可以支配，这其实是一种"控制错觉"。由于我们平常的生活都是由自己来支配的，人们就把这种错觉扩展到了偶然性的事件上。

最常见的情形就是，别人给你买的彩票，和你自己买的彩票，从概率上来说中奖的可能性是一样的。许多人都知道这个道理，但在实际操作中，还是更相信自己"精心挑选"的彩票更容易中奖。正因为这种控制错觉，很多人掉进了赌博的沼泽中，难以自拔，甚至倾家荡产。知道了这个原理以后，多提高警惕，在遇到偶然性事件时，就不会那么执拗了。

在日常生活中，我们难免会对即将到来的事物产生一些错误的认知，且忍不住想要转移注意力，用一些无关紧要的事情去替代它。这些错误的认知，会让我们形成一种"稍后思维"，正是它让拖延一步一步地变成自动习惯，被我们选择的观念所调和。

稍后思维是一种认知转向，类似于在心理上开小差，暂时回避紧迫而重要的事情。这种思维方式的具体内容很多变，但核心是一样的，即"将来做"总是比"现在"更合适。一旦我们清醒地认识到了这一自动化的思维习惯，就具备了摆脱它的条件：在稍后思维冒出来的那一刻，揭穿它的骗人把戏，斩断它的自动进程，削弱无意识习惯的力量。

◁ 02 / 明天再说：不要对未来的自己期望过高

现在，每开始一项新任务之前，我都会根据截稿日期核算一下每日的工作量，尽可能地做到均摊。这样做的目的是保持一个稳定的节奏，以此来确保输出内容的质量前后如一。如果不能从一开始就进入状态，误以为时间很充裕，陷入病态的悠闲中，代价会很惨重。

我有过这样的亲身体验：当时我还在公司坐班，刚刚结束一个难度较大的项目，本想着能暂时松一口气，没想到来了一个急活。领导也是出于信任，将这个任务交给了我。可是，看过新选题的要求之后，我的心情跌到了谷底，一股厌烦之感涌了上来。

如果是现在的我遇到上述情况，会选择如实向领导说明自己的状态——我需要缓冲，能不能交给其他同事？或者，能不能晚几天再开始？可是，当时我的认知和处理问题的经验不足，就硬着头皮接下来了。

面对心生厌烦的任务，我能立刻投入行动吗？无疑，难度太大。那一刻，我内心的真实写照是这样的："真烦，不能让人喘口气吗？好在，时间还算充裕，不着急，先放松放松，明天再说……"

我一会儿打开淘宝，一会儿看看微博，又泡一杯喜欢的花草茶，享受着春日里的阳光，觉得还挺惬意。可能是太过放松了，两天的时间转瞬即逝，我什么都没有做。说好的"明天"，变成了"明日复明日"。

刚准备收收心，公司又安排我外出参加一个为期两天的培训。这是一个难得的机会，我肯定不能错过，于是就去参加培训了。那两天里，我满脑子都是培训中的内容，那个新选题早就无暇顾及了。但是，我心里惦记着它，毕竟那是一个"未完成"的事件。

等培训结束后，我重新回到工作中，但还是无法进入工作状态。我安慰自己说："先查查相关的资料，我总不能闭门造车啊！"当时的我并不知道，这其实是稍后思维在作祟，它很容易让人想当然地认为，执行一项任务的条件依赖于先完成另一项。如此一来，我们就有理由推迟那些原本需要即刻去做的事了。

我知道即刻处理选题的重要性，客户和领导都在等这个方案，如果能获得认可，那么于谁而言都是有益的，我也会因为做事效率高、能力出色而受到领导的赏识，并且获得收入上的增长。但是，我却对自己说："你要多收集一些资料，为处理这个选题做准备"，然后我就在搜集资料的时候放慢了脚步，在思考和整理加工资料上拖拖拉拉。

实际上，我以上所做的一切，不过是通过新的细枝末节，去逃避自己不喜欢的任务。

如果你在面对一项紧迫而重要的任务时，脑子里冒出了以下的这些想法，请你务必提高警惕，它们很可能就是阻碍你行动、实现目标的思维陷阱。

——"我先睡一会儿，休息好了再做！"

——"我得把这个想法再斟酌斟酌！"

——"我需要查找一些新的素材，买一些新的工具。"

——"待会再处理，时间还早呢！"

这些稍后思维，会在无形之中变成一种麻醉剂，让你觉得自己肯定会做，只是稍后而已。殊不知，在"稍后"的过程中，一个个"现在"已经悄然流逝。记得一位先哲说过："毁灭人类的方法非常简单，那就是告诉他们还有明天。因为告诉他们还有明天，他们就不会在今天努力了。"

【终结之战】：不要对"未来的自己"期望过高！

稍后思维具有一种迷惑性和欺骗性，它会让我们误以为：今天暂且放松一下，明天做也来得及，只要明天合理安排时间，就可以完成任务。"现在的我"总是很相信那个"未来的我"，认为"未来的我"会更自律、更优秀、更高效。

为什么会有这样的错觉呢？这是因为，大脑会把"未来的我"当成别人。原本，你决定今天晚上不熬夜，11点之前就上床睡觉。可是，到了晚上11点时，你根本想不起来"要坚持早睡早起的未来的我"，你更在意的是"现在的我"，因为你能够真切地感受到，当下玩着手机游戏、刷着短视频的快乐。那个看似"自律的我"犹如一个陌生人，对"现在的我"而言，不值一提。

行为学家霍华德·拉克林说过："当你能认识到每一天的你，其实都别无二致的时候，你才能更容易控制今天的自己。"所以，当"现在的我"产生了"明天再说"的想法时，一定要打破这个幻想。你要和"现在的我"对话，告诉自己真正的事实与真相：

第一，明天的时间和今天一样，都是24小时，不会因为"现在的我"想到"未来的我会更高效、更能干"，就能让明天的时间变得更多。

第二，"未来的我"并不遥远，不会跟"现在的我"有什么大的不同。就算有不同，那也是"现在的我"的行为所致，正所谓"种瓜得瓜，种豆得豆"，有什么因就有什么果。千万不要妄想"明天的我"一定会比"今天的我"更靠谱，很有可能，他还在指望着"后天的你"呢！

第三，试着想象，"未来的我"会如何看待"现在的我"，以及"现在的我"所做的选择，又如何因为"现在的我"所付出的辛苦和努力心怀感激。同时，也可以跟"未来的我"讲述"现在的我"的困惑和压力。借助这样的方式，拉近"未来的我"和"现在的我"之间的距离。

03 / 等待灵感：只有投入，思想才能燃烧

有这样一类拖延者，他们明知道某件事情必须要做，且十分重要，却总是迈不开行动的步子。他们的脑子总会迸出一种自我合理化的解释：很多事情是急不来的，没有灵感的话，很难进入心流状态。现在是黎明前最黑暗的时刻，我并不是刻意放松或是偷懒，我只是在酝酿灵感！

这类拖延者无论做什么事，都习惯等到最后一刻才行动，熬夜加班是家常便饭。他们并不觉得这有什么不好，甚至还会自我标榜一番："加班干活挺刺激的，想起第二天早上得交差，根本不会走神，效率特别高。平常的散漫劲儿全都没了，有一种变身高效能人士的感觉。"

特拉华大学的心理学家 M.朱克曼为这种喜欢和时间赛跑的拖延者们创造了一个词语：寻求刺激。他说："这类人需要肾上腺素迅速上升带来的刺激感，宣称有压力才有动力，在高压下做事，才能获得这种刺激感。事实又如何呢？他们在有限的时间里，根本无法很好地完成任务。"

现实情况的确如此，许多拖延者每次都信誓旦旦地说："没问

题，我肯定能做好。"可结局往往是，慌慌张张地赶进度，最后犯了一大堆的错误，很多想处理的问题根本来不及处理，只好硬着头皮交差。

关于此种现象，朱克曼教授进一步解释说："你一次又一次地推迟完成任务，直到越来越接近截止日期，你错误地认为，这是最好的完成任务的方法。在推迟任务时，你所经历的任何一种情感上的满足并不是你继续拖延的动机所在。相反，你所经历的刺激感是在时间所剩不多的情况下，匆忙赶工产生的一种焦虑感，这种情感是拖延产生的结果，而非原因。"

拖延着任务不做，美其名曰寻找灵感，等待着不可预期的情绪状态的到来。实际上，这种"寻找灵感的思维"，就是在寻求刺激，盼着最后几分钟忙碌带来的劣质快感。因为他们总会想起过往的经历：最后一刻采取行动时，一副满血复活的样子，激情也被点燃了，甚至还想出了不少新颖、独特的好主意。而后，就认定自己一定得到了这样紧迫的份儿上，才能把内在的潜力给逼出来。

人总是喜欢用更抽象的视角去看待未来的任务和未来的自己，甚至会低估未来任务的难度，忽略未来任务中许多恼人的细节。这就使得未来的任务看起来似乎总是比现在更简单、更纯粹。同时，人还会高估未来的自己的能力和专注度，以为会有那么一个瞬间，可以轻而易举地解决所有的难题。

不可否认，人确实会有灵感突然迸发的时刻，超多的想法和创意会在短时间内集中爆发。然而，这种特殊的状态并不是一种常态，我们也不能指望做任何一件事情都依赖于它。每周五天工作日，如果灵感迟迟未到，难道就要守株待兔吗？与其等待着那个时刻，不如先行动起来再说！

【终结之战】：不要太计较结果，先做做看！

歌德说过："只有投入，思想才能燃烧。一旦开始，完成在即。"

坐等灵感降临，不如先做起来再说，行动可以创造有利的条件。很多棘手的事情，当我们开始去做了，往往就会豁然开朗，哪怕只是少部分的工作，也会带动我们着手去完成更多。行动起来，永远比只想不做更能接近成功，也更容易迸发出灵感。

下一次，当脑子里冒出"等有灵感时再做"的想法时，别被这种拖延思维带着走，要及时"叫醒"自己——万一到了明天、后天、截止日期，还是没等到灵感呢？如果现在就去做的话，可能不是那么完美，但也许做着做着就有灵感了呢！

⌁ 04 / 自我设阻：转化内心的不合理信念

把一件事情做好很难，但把一件事情搞砸却很简单。

六月份刚结束高考的俏俏，大考前着实让全家人捏了一把汗。眼见着还有两个月就要高考，俏俏却总也提不起精神。父母让她每天早点休息，她却非要熬夜刷题，然后又念叨身体不舒服，脾气也变得很暴躁。到医院检查后，也没什么异样，可她整个人的状态特别糟糕，三天两头请假在家休息。

到了冲刺的阶段，跟不上复习的进度，肯定会影响成绩。父母心里这样想着，却不敢在俏俏跟前念叨，怕给她造成心理负担。好在，俏俏的班主任很细心，觉察到了俏俏的异常状态，私下找她谈了两次话。具体聊了什么，俏俏的父母并不清楚，但自那以后，他们发现俏俏的状态不那么紧绷了，最后的高考也比较顺利，发挥出了正常水平。

高考结束后，俏俏的妈妈给班主任打电话，一来表示感谢，二来也想询问一下俏俏之前的情况。父母总是希望自己可以和孩子无障碍沟通。班主任说，很多孩子在高考之前，都出现过类似的情况：如果身体不适，就算考不好，也能心安理得地面对自己、家人和老师。他们可以说："我本来可以考上一所不错的大学——如果不是因为身体不舒服、情绪不稳定，如果不是这样那样的问题……"

类似俏俏这样的行为，被心理学家埃德温·琼斯和斯蒂文·伯格莱斯称为"自我障碍"，也叫"自我设阻"，通常是指人在重要的任务之前无法集中注意力，有意或无意地去做一些影响任务结果的事情，从而在任务结果出来后为自己寻求开脱。

两位心理学家曾经专门进行了一项实验：研究人员让被试把自己想象成杜克大学的学生，然后通过猜测，回答了一系列的智力难题。之后，研究人员在被试眼前放置两种药物，告知被试服用其中的一种，才能继续下面的题目。研究人员声称，第一种药丸有利于智力活动，第二种药丸则会干扰智力活动。结果，多数被试都选择了第二种药丸，从而为不久可能出现的失败寻找客观的借口。

在拖延的过程中，这种自我设阻的思维也发挥着至关重要的作用。

老板交付给Linda一项新任务，让她去跟服装供货商重新洽谈供货合同，希望对于没有加单的货物，可以提供无条件的退货服务。这样的话，可以避免门店积压销量不佳的货物，减少损失。

Linda表面答应尽力去做，可她心里却有别的想法。她的沟通能力不差，也许有能力顺利完成这项任务，但她也没有十足的把握。为了回避对这场谈判的压力，Linda告诉自己和其他人，老板的想法太乐观，供应商不可能同意。

在有了这个想法后，Linda做事并不积极，安排会议时拖拖拉拉，谈判时也不太专心。结果，她的"预言"真的实现了，同时她还强化了"老板想得太乐观"这一信念。

明明都是理性的人，为什么会有意无意地自我设阻来降低自己的表现呢？其实，这种做法有它的益处，那就是避免让他人失望，避免被否定，维护脆弱的自尊，逃避或疏导紧张焦虑的状态。不过，任何选择都是有代价的，长此以往会让人走上平庸之路。

【终结之战】：怎样突破自我设阻的圈套？

自我设阻在行为上有多种形式，如故意耽误和推迟；重大事件之前故意心不在焉；故意选择困难的任务或是给自己设置过高的目标；放弃尝试或减少努力的程度……然后，在言语上公开表示自己处于不利的情境，试图在失败的结果面前获得他人的谅解。

想要解决自我设阻的问题，不妨试着与自己的内心对话：

·你是否因为断定某项任务太复杂、太不愉快、太不可行，从而拖延？

·如果是这样的话，扭转一下思维，问问自己：是什么让这项任务变得艰难？

·在对话中澄清，哪些是事实？哪些是你的猜测和信念？

·找到那个不合理信念，比如"我必须成功"；对这个错误信念进行转化，如"我会尽力而为"。这样的话，就算不成功，也没什么遗憾。

我们总希望事情能够按照自己的期望发展，一切尽在掌握中，哪怕是失败也要在掌握中。自我设阻的行为，无异于故意用左脚绊右脚，让自己摔倒，这与被石头绊倒相比的好处就在于，一切由自己掌控。可是别忘了，两脚交替绊倒自己的时候，你也无法好好地在一条路上走下去的。或许，你保住了那份脆弱的自尊，但你同时也在画地为牢。

05 / 时间错觉：唯一能够掌控的只有现在

去年，Simon先生要参加一个职业资格考试，从年初就开始准备。他给自己预留的复习时间是9个月，相关课程的复习顺序也都安排好了，一副志在必得的样子。

春去夏来，时间过去了半年，距离考试还剩下3个月。Simon先生的复习进度，比计划中慢了很多，有几门课程还尚未打开书本去看。不过，他倒是很淡定，仿佛时间是橡皮筋，在最后的那段时间可以无限延伸，能让他完成所有科目的复习。所以，他依然不紧不慢，朋友约他出去玩，他照样会去，全然忘了自己还要备考，更忘了时间一去不复返。他习惯说这么一句话：“今天耽误点儿时间，明天再补回来。”

其实，我也有过和Simon先生类似的想法，并且做过相似的事。本来按照计划，每天要完成至少5000字的工作量，但某一天突然受到朋友邀约，明知道自己的任务没完成，可还是决定去赴约。原因就是，我对自己说了一句：“今天没写完的，明天再补上吧。”然后就心安理得地出门了，尽情地享受“今天”的时间，把没有完成的工作和压力全都留给了“明天”。

欠自己的账，迟早是要还的。当"明天"如约而至时，压力比平日里要大，因为自己很清楚，任务量增加了。恰恰是在这个时候，才会忽然感受到，时间并没有前一天想象得那么充裕，它依然只有24小时，我能集中精力写稿的时间，依然只有5~6个小时。即便可以延长伏案时间，可代价是很大的，会焦虑烦躁，会效率低下，甚至是写不出来。

当然，能够顺利延长伏案时间，也还算是好的。问题在于，你不知道这一天还会有什么样的意外状况发生。正所谓，计划赶不上变化。我亲身体验过这样的意外：原本安排好把前一天的工作补回来，可任务还没完成一半，就接到妈妈打来的电话，告知身体不适，需要我陪同到她去医院看急诊。看病不能拖，必须马上去，但究竟要花费多长时间，却不得而知。望着积压的工作，再加上内心的恐慌焦虑，别提多沮丧了。

当一切尘埃落定后，终于可以重新回归工作了，却发现不断被叫停、被打断的思绪，怎么也拉不回来了。人是坐在电脑前一整天，可脑子却是一片混乱，根本不听使唤。回头去看，自己失去的根本不是赴约那一下午的时间，积压的也不只是那一天的工作量。

后来，我了解到一个事实：时间有"客观时间"和"主观时间"之分。

所谓客观时间，就是能用日历和钟表来衡量的，可预知且不可更改。这很好理解，你知道什么时间上课、上班，电影什么时间开场，一目了然。

所谓主观时间，是我们对钟表之外的时间的经验，是不可量化的。跟朋友聚会聊天时，觉得时间过得飞快；等公交车时，时间显示只等了10分钟，却觉得无比漫长；和一个漂亮的姑娘坐2个小时车，时间过得很快；跟不喜欢的人共处一室，分分钟都是煎熬。主观时间的变体是"事件时间"，即围绕一件事的发生、发展而定位我们的时间感。

如果我们可以做到，把个人的主观时间和不可更改的客观时间整合到一起，让两者实现无缝衔接，即沉浸于某个事件的同时，也知道自己什么时候该离开，哪怕距离最后期限还远，也能按部就班地做事，就不会导致拖延。

问题的关键是，我们的主观时间和客观时间经常会发生冲突，致使我们不愿也不能认识到，两者存在很大的差异。就Simon先生和我自身的经历来说，把今天的任务拖到明天时，我们都想象着明天有充裕的时间去完成它，却忽略了不可更改的客观时间。

可以这样说，拖延赋予了我们一种全知全能的幻觉，让我们误以为自己可以掌控时间、掌控他人、掌控现实。但事实上，我们根本无法超越时间的规则，也无法避免丧失和限制，更无法抵挡变化和意外。最终的结果就是，无论我们喜不喜欢，承不承认，有无意识到，真实的时间一直都在流逝，从未停止。

【终结之战】：唯一能够掌控的只有现在

拖延者总是觉得，耽误一点当下的时间，拖延一点当下的进度，再找时间补回来就可以了，不会损失什么。请注意，如果这种念头从你的脑海里冒出来，你一定要及时"叫醒"自己，因为你对时间的感知出现了错觉。

无论是"待会儿再做"，还是"明天再补"，都犹如一张"借条"，预支着"现在就玩"的特权，让"以后"为"现在"买单。可是，当借款到期时，甚至用不着等到那个时候，我们就会发现利息高昂得吓人。所以，把明天的时间透支给现在，把现在的事情拖延到明天，我们实际付出的成本远比想象中要高。

谨记一个事实：每天的时间都只有24小时，今天浪费的、错过的时间，永远都不可能找回来，我们唯一能够掌控和把握的只有现在。因为明天还有明天的事，而明天的事谁又说得准呢？

06 / 过度乐观：别忽略了执行过程中的障碍

由于无法忍受兼职作者T的重度拖延，年初我的工作室与他彻底解除合作。

在此之前，也有遇到过磨合得不太理想的兼职，但我们还是对今后充满期待。或许将来的某一天有合适的项目，与对方的风格契合，依然还有合作的可能。然而，对于作者T，尽管相识已久，他也颇有才能，却还是决意不再合作。

偶尔一两次的拖延，在我看来还是情有可原的。毕竟，谁的生活也不是一条直线，总会有凌乱的小岔子。如果次次都重度拖延，最快也要在截止日期到来后推迟十天半月，最久可以拖上两个月，那真的无话可谈了。

写这篇文字时，我对作者T的拖延问题进行了一个复盘，大致情形如下：

第一阶段：刚接到任务时，状态特别好，能够根据要求迅速出方案。

第二阶段：方案通过后，按部就班地做上三五天，此阶段的内容输出，无论是质量还是效率，都比较稳定。有了这样的开始，他也自信满满，声称一定如期做好。

第三阶段：确定项目全权交由他负责，且获得认可后，思想和行动开始松懈。他认为前面的一切都进展得很顺利，说明自己有能力驾驭这项任务。况且，完成方案和少部分内容，花费的时间并不多，就算现在偷一点懒，后期完全可以补回来。

第四阶段：临近截止日期，感到越来越焦虑，开始加班加点，追求拖延带来的劣质快感。他主观认为自己可以赶上，但客观事实是脑力体力有限，心有余而力不足。失控感越来越明显，在截止日期来临之前，主动承认自己做不完，要求宽限时间。

第五阶段：获得时间宽限后，拖延的情形会重复。因为再次获得了"掌控感"，于是又开始懈怠，再把自己逼到绝境，期待着潜能爆发。

第六阶段：递交一个"虎头蛇尾"的结果。

第七阶段：要么别人来加工，要么自己返工。

纵观T的拖延过程，我们几乎可以看到所有提到过的拖延思维，比如，"对未来的自己期望过高""期待最后时刻的潜能爆发""对主观时间和客观时间存在错觉"。除此之外，还有一个重要的因素，那就是"过分乐观"，或者说"盲目乐观"。

刚接到任务的阶段，T的态度还是很严谨的，做事也很认真。因为此时的他，心里存在着一种忧虑——如果方案不通过，合作方不认可，他就不能承接这个项目！为了成功拿下这个项目，他必须倾尽全力。当方案通过后，合作方将项目全权交由T负责时，他长舒一口气，认为一切志在必得。

仔细对照，是不是会觉得很像《龟兔赛跑》的故事？兔子是跑步健将，认为自己必胜，跑到了半路就开始呼呼大睡。乌龟虽然行动缓慢，可它一步一步持续不断地往前爬，最后超过了熟睡中的兔子。兔子是输在能力上吗？显然不是，它是太自信、太乐观了。

心理学家迈克尔·施莱尔与查尔斯·卡弗穷尽一生都在研究乐观，他们总结道："太过乐观了也会有消极影响，可能因乐观而一事无成。举个例子，过分乐观导致人们不采取行动，坐等天上掉馅饼，从而减少了成功的机会。"

很多拖延者都犯过这样的思维错误，低估完成任务所需的时间，比如，写论文、挑选礼物、做设计图，这些事物花费的时间远比想象的要长。可惜，人总是习惯通过回忆去预测未来，而回忆又会自动把完成任务花费的时间缩短，屏蔽掉过程中的诸多阻碍与艰辛。当人们真的把所有事情都留到最后来做时，才发现时间已经不够了。

心理学教授加布里埃尔·厄廷根指出：积极思维在某些时候的确有助于激发我们的行动，但它并不总是有效的。在与以往经历脱离的情况下，乐观的幻想、梦想、希望，可能会成为行动的阻力。这是因为，当我们在进行乐观幻想时，大脑有时会误以为梦想已经成真，享受愉悦的体验，并让我们感到放松。同时，它还会扭曲我们对客观信息的搜集，让我们找不到真正能够被实现的梦想。

简而言之，如果脱离现实，对未来盲目乐观，不仅无法帮助我们实现梦想，反倒会让我们陷入拖延。正如弗洛伊德所说，我们需要启用现实法则，即在寻找最好路径实现自己的目标时，必须直面事实。现实法则的启动，标志着我们摒弃了幼稚与冲动，能够切实地认识到为了达成目标要付出怎样的代价。这就要求我们必须预估，哪里会出问题，以及如何避免或解决这些问题？

【终结之战】：别忽略了执行过程中的障碍

为了解决过度乐观的问题，加布里埃尔·厄廷根教授以二十多年的科学研究为基础，提出了一种全新的思维工具——WOOP思维。WOOP思维是两种心理学思维组合而成的，即"心理比对"＋"执行意图"，具体如下：

心理比对：在幻想未来的同时，充分考虑现实障碍。

执行意图：围绕实现愿望这一目的，打造明确的意图。在大脑里预埋行动线索：如果……我就……把实现愿望的过程分成两个阶段，第一阶段衡量各种可能性并确定目标，第二阶段为了实现目标制订行动计划。执行意图的价值，是在情况和行动之间建立条件反射，避免意识层面的纠结拖延，可以更有效地克服行动障碍，并能长期地坚持下去。

心理比对和执行意图之间的关系是互补的：心理比对是在人的头脑中，把愿望和障碍联系起来，从而在认知层面上让人做好实现愿望的准备。当障碍出现时，人就可以明确地投入精力，用预先制订好的方案去应对。

那么，WOOP思维具体该怎么运用呢？WOOP思维有四个步骤：

Step1：W——Wish 明确愿望：你有什么样的愿望？

Step2：O——Outcome 想象结果：愿望实现后的最好结果是什么？

Step3：O——Obstacle 思考障碍：你会遇到哪些困难？何时、何处？

Step4：P——Plan 制订计划：遇到困难，你会怎么做？

假设你想要用3个月的时间减肥10公斤，这就是你的愿望。你可以想象，实现了这个愿望之后，你会拥有好身材，变得更自信，还养成了良好的饮食习惯、运动习惯，并学会了调适心态，远离情绪性进食的困扰。

请注意，当你澄清了愿望，并制订了任务清单后，并不意味着"成功了一半"。你要思考，在减肥的过程中，你会遇到哪些困难？比如，觉得运动是一件辛苦的事，有时会犯懒不想动；有情绪性进食的倾向，每当焦虑或不开心时会暴食；过分关注体重的变化，影响心情和状态，看到体重向上浮动就会沮丧，甚至想放弃。

澄清了这些问题后，你要针对阻碍减肥的问题制定相应的"执行意图"：

· 如果我今天不想跑步，就改成走路30分钟。

· 如果我不想做有氧运动，就做一些哑铃训练、核心训练。

· 如果我因为情绪问题想吃东西时，我就问问自己：你是真的饿了吗？

·如果我不是因为生理性饥饿想要进食，我就去户外散散步，让自己平复情绪。

·如果我特别想吃某一样食物，就告诉自己：少吃一点，好好品尝它的味道！

·如果我发现体重没有下降，就提醒自己"人不是机器，体重也不可能是直线下降的"，鼓励自己继续坚持，不要因小失大就是好样的。

以上就是借助生活中最常见的实例对WOOP思维运用的演示，即挖掘到内心深处最渴望达成的愿望，想象达成愿望后的情景，越具体越好；思考达成这一结果的障碍有哪些，也是越具体越好，然后针对这些问题制定出相应的解决策略。

学会了WOOP思维后，是不是就能彻底改变了呢？答案是未必。我们知道，想让一种全新的模式持续下去，让它的坚持变得毫不费力，绝对不是靠意志力实现的，而是要把它养成习惯，这才是避免失败的重中之重。

以上述的减肥实例来说，在执行的过程中我们需要不断总结适合自己的方法，比如，怎样提醒自己该去运动了？怎样能让运动这件事变得简单易行？当负面情绪来临时，有哪些办法可以转移你的注意力，让你多去关注情绪，而不是依靠吃东西短暂逃避？如果达到了一个阶段性目标，你要如何犒劳自己，为自己增加动力？这些问题没有标准答案，都是因人而异的。所以，大胆地去实践吧！

情绪压力

——拯救拖延的核心，是妥善处理情绪

01 / 拖延的核心是情绪，而不是效率

通常情况下，当我们意识到一个人或一件事物，可能会给自己带来伤害时，我们一定会采取相应的措施，以确保自己的安全。可是，这种几乎出于本能的选择，在遇到拖延的时候，却完全变了样。许多时候，明知道拖延是一个糟糕的主意，甚至可以预料到负面的结果，却还是这么做了，仿佛束手就擒一般，任凭它伤害自己。

为什么我们会赋予拖延这样的特权？

谢菲尔德大学心理学教授弗斯基亚·西罗斯博士解释说："人们陷入这种长期拖延的非理性循环，是因为他们无法控制围绕一项任务的消极情绪。"

是的，拖延和心情不好有直接的关系！可以说，拖延是一种应对由某种任务引发的挑战性情绪和消极情绪的方式，这些情绪可能是无聊、恐惧、怨恨、焦虑、自我怀疑、不安全感等。早在2013年的一项研究中，西罗斯博士就指出，拖延症可以被理解为"短期情绪修复……而非长期追求预期的行动"。

这个世界上，几乎不存在完全不拖延的人，但也不存在凡事都

拖延的人。真实的情况更贴近于，人们总是在某些方面表现出拖延，而在另外一些方面选择不拖延。之所以出现这种选择性或局部性拖延，与我们的生理机制有一定关系，它是情绪脑和理性脑发生"反应"后的产物。

情绪脑，就是负责调解情绪和本能的边缘情绪组织；理性脑，则是负责逻辑思维、理性分析等功能的前额叶皮层。在拖延的情境下，情绪脑代表着本我的需求，也就是情绪的满足；理性脑代表的是现实的原则，以及目标指向。当情绪脑"战胜"理性脑时，大脑就会释放出一种和愉悦有关的神经递质。对此，华尔顿大学副教授蒂莫西·A.皮切尔博士指出，拖延是一种"屈服于求得自我感觉良好"的行为。

在围绕给定任务或情况的压力时，为了获得这种短暂的自我感觉良好，情绪脑会驱动我们去做一些脱离当下、回避任务的行为，逃避理性脑带来的现实刺痛感。换句话说，当围绕某一项任务产生的负面情绪与目标发生碰撞时，我们选择了回避。

现实的任务就摆在那里，拖延者是很清楚的，所以焦虑感依旧没有消失。在拖延过后，人还很容易产生自责的想法。当焦虑和自责捆绑在一起，又会加剧拖延者的痛苦和压力。行为主义理论告诉我们，当我们因某事得到奖励时（因拖延感到短暂的放松），我们会倾向于再做一次。这就是为什么拖延不是一次性的行为，而是像机械中的齿轮一般，往复不断地进行恶性循环。

【终结之战】：拯救拖延的核心是管理情绪

为了回避负面情绪而拖延，结果会让我们感觉更糟。这也提醒我们，要解决拖延的问题，不是单纯地下载一个时间管理应用软件，或是学习自我控制策略，就能让一切朝着好的方向发展。这些技术性的工具确实有用，但发挥效用的前提条件是在解决了"内部问题"之后。

从现在起，希望你可以认识到：拖延的核心是因为无法妥善管理好自己的情绪，而不是时间或效率；我们决定是否做一件事情，常常取决于自己的感受，而不是依据理性思考。所以，我们要把重点放在安抚情绪脑上，同时避免情绪驱动的行为。

Step1：拖延发生时，用自我原谅代替自我苛责

在一项针对拖延的研究中，研究人员发现：那些能够原谅自己在准备第一次考试时拖延的学生，在下一次备考时拖延的概率会降低。他们的结论是：自我原谅可以让个人摆脱不适应的行为，专注于即将到来的考试，而不受过去行为的影响，从而提升做事的效率。

可能会有人心存疑惑：自我宽恕难道不会让人更堕落吗？这不是一种纵容吗？其实不然，心理学研究显示：自我宽恕比自我苛责更利于自我改变。内疚和自责会降低我们的自尊，让我们觉得自己一事无成、懒散，继而陷入"放松——自责——更严重的放纵"的怪圈。有了宽恕，我们才有勇气继续尝试，觉得自己和现实情况存在变好的可能。

Step2：在出现错误和失败时理解自己、善待自己

西罗斯博士曾经研究过压力、自我同情和拖延之间的关系，结果发现：拖延者通常压力很大，但自我同情值很低。如果拖延者可以多一点自我同情，那就能为应对与自我相关事件的负面反应提供缓冲，它可以减少心理压力，增强自我价值感。

Step3：情绪糟糕时，根据兴趣有意识地进行转移

痛苦往往会在反复咀嚼中加倍，所以我们要避免沉溺在消极情绪中。在感觉情绪状态糟糕时，可以根据自己的兴趣有意识地将其转移到可以替代的事情上。切记，当情绪降低到可以接受的范围时，要及时回归到当下应对的任务中。

02 / 压力可以产生动力，也可以触发拖延

你一定听过这句话："有压力才有动力"。这是不是事实呢？

在回答这个问题之前，我们有必要先解释一下，压力到底是什么？压力一词，早先用于物理学，后来被加拿大学者汉斯·塞利用于医学领域，他在《生活中的压力》一书中使用了"一般性适应综合征"的说法，指出无论是哪一种威胁，身体都会以"一般性适应综合征"的方式，调动身体的防御来抵挡威胁。

简单来说，压力是一种紧张状态，是身体对外界强加给自身的刺激的应激反应。一定程度的紧张，对于个体生存是有帮助的，沙丁鱼的实例就是一个很好的说明。

人们在海上捕到了沙丁鱼后，如果能让它们活着抵达港口，价格会比死的沙丁鱼价格高出好几倍。然而，路途遥远，环境不佳，沙丁鱼往往在运送的途中就会死掉，能把它们活着运回来的人少之又少。不过，有一艘渔船几乎每次都能成功地带回活着的沙丁鱼，船长自然也赚了不少钱。人们询问过船长，到底有什么秘诀？可他总是避而不答，一直严守着秘密。直到船长死后，人们意外地发现，他在鱼舱里放了一条鲶鱼。

鲶鱼来到了一个不熟悉的环境中，会四处游动。面对这样一个异己，沙丁鱼会感到不安，在危机感的支配下，它们会紧张地不停游动。在危机和运动的双重影响下，沙丁鱼最大限度地调动了生命的潜能，因此能够活着抵达港口。

从这个角度来说，压力不都是坏的，适度的压力是自然且必要的。因为在感受到压力的时候，人的身体会分泌肾上腺素和皮质醇，提高人短期的兴奋度。可如果超过了一定的界限（因人而异，没有固定标准），皮质醇持续分泌，交感神经一直处于高度兴奋状态，皮质醇的调节模式就会失常。

皮质醇调节失常，意味着什么呢？要知道，皮质醇是把心理压力转化为神经症的生理中介，当这个中介出了问题以后，心理的问题就会通过生理的方式呈现出来，导致血压升高、免疫力下降、消化功能遭到破坏、身体疲劳、记忆力和注意力减退……当然，在出现这些身体不适的过程中，还会出现逃避、抗拒行动的倾向。

概括来说，压力与动力之间的关系是一个倒U型曲线。当压力强度在曲线转折点的最佳值上，人的潜能最容易被激发，压力可以带来动力。过了这个值以后，压力会就产生焦虑、抑郁等负面情绪。处理这些负面情绪需要耗费大量的意志力和心理资源，这就使得我们需要用更多的时间来放松，弥补精力的耗损。于是，拖延就应运而生了。

【终结之战】：如何应对压力引发的拖延？

想要解决压力引发的拖延，最直接有效的办法就是找到压力源。

通常来说，压力的来源主要有三类：

第一，事件，如工作中遇到了一项棘手的任务，或给自己制定了较高的目标。

第二，他人，如老板的要求特别高，容错率低；客户很挑剔，总是不满意；同事没有责任心，不作为还喜欢甩锅。

第三，自己，如适应不良的完美主义，容易自我怀疑，害怕别人的反对与评价。

当你陷入压力和拖延状态时，问问自己：你是在阻止什么情况发生？如果是对自己期待过高，那么不妨告诉自己：先少做一点儿，做得不够好也没关系，只要开始了就是好样的。如果是对能力不够自信，可以对任务进行拆解和规划，且能力是可以学习和提升的，找到薄弱的环节，有针对性地解决。

许多拖延者本身对自己的期待并不高，可一旦有他人参与进来，自己的表现需要外人来评价时，就会对自己产生过高的期待。说到底，就是因为过分看重自己的表现及他人的评价。要改善这种情况，可以多关注自己的能力和进步，而不是过分关注自己的表现，也就是培养成长型心态。

面对未知的事物时，我们也很容易产生压力，因为它可能看起来很陌生、很复杂，让我们无从下手。对于这样的情况，我们要学会接受做事的模糊与不确定性，把阻碍完成这一任务的因素列出来，让其清晰可见。然后，针对这些问题制定解决策略。

总而言之，只有了解了自己的压力诱因，知道什么东西会让自己产生压力，才有可能、也更容易找到解决之道，从而走出拖延的状态。

03 / 自我解压练习：Stop！叫停压力

练习1：与身体对话

当我们感受到压力时，身体往往会出现一系列的反应，如心率加速、身体紧张、血压升高、失眠、消化不良、无法放松等。这个时候，我们要和身体进行一场精神对话，让它慢慢平静下来，身体自主神经系统的控制能力远比我们想象中强大。

Step1：用腹部进行深呼吸，吸气和呼吸时要屏住几秒钟。

Step2：屏气的时候，试着让身体放松。

Step3：与身体进行对话，让它平静下来，并想象着它已经恢复了平静。然后，把手放在胸口，在心里默默地对自己说："很好，你现在可以冷静下来了。"

Step4：想象着你的心跳速度正在慢慢减缓，伴随着你的呼吸，开始逐渐恢复正常。在心里默默告诉自己："你现在什么都不用做，只要放松，你可以做到。"

Step5：你可以把自己的身体想象成孩子，用充满爱与关怀的口吻对它说："我知道你累了，你很辛苦，休息一下吧！别怕，你现在很安全。"

Step6：练习5分钟左右，感受身体的变化。

练习2：自我问答

Step1：停下手中的事。当你感觉心神不安，内心被压力填满时，先把手边的事情停下来。短暂的停歇，不会造成太大的影响，带着压力勉强硬撑，才是费神费时又费力。

Step2：直面压力状态。停下来之后，你要直面压力了。所谓直面，就是不抗拒这种状态，承认自己正处于压力中。如果你不承认它，甚至讨厌自己的这种状态，认为它不应该出现，不仅于事无补，还会造成进一步的心力耗损。

Step3：进行自我对话。你可以扪心自问一下："我到底在怕什么呢？"这样做的目的，是为了让潜意识里的压力诱因浮现。比如，你正在为了一项任务焦心，看似是任务导致了压力，但有可能背后潜藏的台词是："我害怕做不好这项任务，老板会认为我能力不行，不配得他支付的工资……或许，他还会把我辞退……"

Step4：理性分析想法。对于上述的想法，你认为它合乎情理吗？比如，你负责的那项任务，是不是很有挑战性？或者难度很大？如果没有做好，一定会被辞退吗？公司里的其他同事，出现类似情况时，老板通常是怎么处理的？借此评判一下，你是否夸大了这件事可能带来的后果？

Step5：设想最糟的结果。假如你设想的最糟糕的结果出现了，老板真的认为你能力不行，把你辞退了，你的人生会不会从此变得一塌糊涂？你这辈子是不是再无法找到一份新的工作？

　　Step6：思考解决的办法。做好最坏的打算后，你不妨思考一下：可以做什么来解决这个问题，并且能够彻底放下？可能你会想到，寻求同事的帮助、查询更多的资料、向老板申请多一点时间……当你内心冒出这些可行性措施后，压力也会随之减轻。

04 / 恐惧不是敌人，等待恐惧消失才是敌人

趋乐和避苦都是人的本能，如果把两者放在一起，你觉得哪一个力量更强大？

心理学家卡曼尼和沃特斯基提出的"前景理论"，很好地解释了这个问题：人们是基于损失和获益的潜在价值（而不是最终结果）来做决策的，其中损失和获益的价值是根据特定的启发式来衡量的。大多数人对损失和获得的敏感程度不对称，面对损失的痛苦感大大超过面对获得的快乐感。所以，人逃避痛苦的力量远远大于追求快乐的力量。

人的基本情绪有喜怒哀惧四种，在这四种情绪中，恐惧的力量是最强大的，因为它是与死亡密切相关的情绪。无法感知到快乐，也许会让我们的生活少了一些惊艳和色彩，但无法感知到恐惧的后果却是让我们走向死神。试想一下：过马路不怕来往的车辆，站在几十层楼高的天台边不恐高，无视蛇类、蜈蚣、猛兽等动物，会是什么后果？

恐惧是由大脑的边缘系统中的杏仁核控制的，杏仁核的主要功能关乎两部分，一是记忆，二是情绪，它参与调控的情绪恰恰就是恐惧。2010年，一位白人女性因一氧化碳中毒，患了一种罕见的疾

病，大脑的杏仁核丧失了原有的功能。结果，这位白人女性在被带去世界上最恐怖的鬼屋时，也毫不畏惧。从生理和本能的角度来解释，拖延就是人在面临恐惧时所产生的一种逃避心理。

生活中，哪些事情会容易让我们感到恐惧，继而产生拖延行为呢？

从难易程度上说，艰巨的、繁重的、难以搞定的、耗费精力的事，总是会让我们感到莫名的恐惧和排斥；从时间长短上说，需要做很久才能完成的事，会让我们厌烦和害怕；从掌控感上说，一切让我们感觉无法掌控的事情，如遭遇突发事件、踏足陌生的领域、学习新的技能等，都会让我们感到恐惧。

【终结之战】：如何应对恐惧引发的拖延？

拖延是对当下所做的事情感到恐惧而产生的一种逃避心理，我们该怎么处理这一情绪呢？可能会有拖延者安慰自己说："我只是缓一缓，等自己不再恐惧的时候……"

如果你有这样的想法，我劝你趁早叫停。美国知名女性作家、演说家玛丽·弗里奥说过："恐惧不是你的敌人。等待自己变得不再恐惧，才是你的敌人。"我们永远无法停止感到恐惧，即便是成功的人也面临着和我们一样的恐惧。唯一的不同在于，即便他们心存恐惧，即便境况不够理想，他们还是会选择勇往直前。他们深知，相比付诸行动，恐惧和拖延更让人感到心力交瘁，带来的遗憾也更多。

恐惧不会消失，等待恐惧过去是一种徒劳，我们要做的是学会与恐惧共舞。

Step1：识别逃避心理

· 逃避的人总喜欢做准备工作，以此来推迟面对真正的恐惧，比如"找资料用一年，写论文用3天"，就是最典型的表现。

· 逃避的人为了减轻内疚与自责感，会寻找一些替补方案，比如，"写方案太难，我先看会书""书看不进去，我去看看纪录片""纪录片很枯燥，我先刷会微博"。通过替补方案，可以缓解内心的恐惧，但真正要处理的问题却被后置了。

· 逃避的人喜欢把任务后置，安慰自己说"现在还不是时候""这会儿状态不好"。我们说过，不要对未来的自己期望太高，不要相信拖延一下之后情绪就会变好。

Step2：降低做某事的感知风险

克服恐惧比较好的方式，是降低做某一件事的感知风险，风险越低就越容易付诸行动。具体的做法就是，沿着你想抵达的目标，迈出最小的一步，一点点地挪动前行。

美国作家苏姗·凯恩，就是借助这种方式帮助自己克服对公开演讲的恐惧的。比如，在某次公开演讲研讨会的第一环节，凯恩需要做的事情就是站起来介绍自己的名字，然后回到座位上，只要完成就是一次胜利。到下一周，她可以再试着走上舞台，站在人群中间，这又是一次胜利。循序渐进，每周进展一小步，最终她勇敢地做到了面对观众从容地演说。

Step3：用NLP语言转换任务目标

任务太艰巨、量太大、太繁杂，就很容易让人因畏惧而拖延。

这时候，我们可以借助 NLP（神经语言程序学）转换任务目标，以此削弱恐惧，从而改变行为模式。

举例来说：当你内心涌现出"这件事情好难""我觉得自己搞不定"的想法时，你可以试着这句话替换成"要做成这件事需要几个步骤"？仔细品味，你会发现，这不仅是一句话的转化，它其实已经让你从抱怨模式转向了解决问题模式。

Step4：用预期后悔促使行动发生

行为心理学家曾经对各类行为中遗憾的角色进行过研究，结果发现：如果一个人认为自己将来会因为不做某事而感到后悔，他就很有可能产生去做这件事的动机。这就是科学家说的"遗憾厌恶理论"，也称为"预期后悔"。

在一次研究中，研究人员询问两组受试者，他们计划在两周内运动几次。实验组会追加一个问题：如果在接下来的两周里没有运动，你会觉得遗憾吗？结果显示，回答追加问题的实验组的锻炼频率是对照组的 2 倍！因为实验组被引导思考了遗憾的可能性。

当你屈服于眼前的安逸或是害怕做某件事时，不妨问问自己：如果我不去做这件事，我会不会感到后悔？是做这件事痛苦，还是将来饱受遗憾更痛苦？趋乐避苦的本能在进行一番对比后，多半会促使你采取行动。

其实，真正让我们感到痛苦的，并非做某件事本身，而是在做这件事之前预感到的艰难。当我们真正去做的时候，那份痛觉就会奇迹般地消失。只要你不再逃避，慢慢削弱恐惧，以微小的改变开始行动，你就已经赢了一大半。

📎 05 / 越焦虑就越拖延，越拖延就越烦躁

　　梦哲进入职场已有6年，期间只换过2次工作。目前，她在一家公司的行政部门任职。从小家境优渥的梦哲，没有太过强烈的事业心，只要有一份工作能够养活自己，又不太辛苦，她觉得自己可以一直做下去。

　　可惜啊，生活不会永远随人所愿。

　　前段时间，梦哲所在的公司突然宣布要改制，可能会给在职人员降薪，也可能会裁掉一批员工，一切尚未敲定。这几年来，梦哲的工作一直比较清闲，从来没有什么紧迫感和危机感，可这一次她却隐隐地感到不安。

　　"接下来，你有什么打算呢？"我问梦哲。

　　"我还没有想好。想辞职去找份新的工作，可又担心自己能力不足；留下来吧，心里也是慌慌的，万一被裁员了，到时候更被动。"梦哲露出一副纠结的表情。

　　"你现在，有没有做什么努力，消除这种不确定带来的焦虑感？"我继续问。

　　"没有，每天的生活还是跟以前一样。虽然现在心里很焦虑，

但我不知道自己能做什么？貌似我也不太想做任何努力，就在等着那个最终的结果到来。"梦哲说。

我们聊了有一个小时，最终得到的评估就是，梦哲对自己的能力感到怀疑，这种不自信感使她对不确定的未来充满恐慌，却又不知道该怎么处理？

针对这一问题，我们商讨了目标，决定从改变目前的状态开始，让她找到一个感兴趣又愿意提升的内容，充实自己，减缓焦虑。

看到梦哲的情况，相信很多人都会有似曾相识之感：内心明明对自己有期待，对现状感到不满和焦虑，却又拖延着不去改变。

羡慕别人身材好，却丢不掉手里高热量零食，减肥的计划一拖再拖；希望自己能在职场上游刃有余，却在下班后抱着手机刷抖音，而没有动力去看书充电；知道有一堆事情要做，时间很紧张，却还是坐在椅子上想，再等一会儿；知道熬夜对身体不好，也担心日久成疾，却还是忍不住多开一局游戏……我们都因拖延而焦虑，却又在焦虑中拖延。

焦虑，就是指对各种选择呈现出迷茫、不知所措的状态。有人把它比喻成鞋里的沙子，不及时把它处理掉，就算是小小的一粒沙，也会让人心烦意乱。在焦虑的状态下，大脑很容易失去理智的判断，很难静下心来去做一件事。结果，就会导致拖延。

在拖延的过程中，我们也知道有些事情是需要做的，有些问题是需要处理的，但迟迟没有做出行动和改变，又会加剧焦虑。很多人正处在这样的状态下，客观现实迫使着自己要改变，要脱离困境，实现自我价值；可主观上却又感到无能为力，经常陷入自我哀叹、自我放逐中，越陷越深。

回避终究解决不了问题，想要真正扭转结局，还是要从焦虑情绪入手，让自己能够以较为平和的心态，投入到脚踏实地的行动中。

【终结之战】：如何破除焦虑找回掌控感？

心理学家认为，"不确定"与"焦虑"之间关系紧密。当我们面对未知的、不确定的情形时，会产生一种不在掌控之中的不安全感。不确定性越大，焦虑程度就越高，拖延的情况也会越严重。从这个层面来说，要解决拖延的现象，先得减缓焦虑情绪，协助自己找回掌控感。

·方法1：运动与正念，调节植物神经

运动的好处在于，可以增加大脑的多巴胺与内啡肽，让人获得平静与放松。比如，瑜伽、慢跑、游泳，都能够激活大脑中积极情绪的回路，从植物神经方面帮助我们调节恐惧情绪。除了日常的运动外，正念也是要极力推荐的一种缓解焦虑的方法。

所谓正念，就是有目的的、此时此刻的、不评判的注意带来的觉察。

相关研究显示，两周以上的正念，能够增加个体内心的平静感，改善睡眠质量；八周的正念，对人脑部的功能有显著的改变，被试负责注意力与综合情绪的皮层变厚，与恐惧、焦虑相关的杏仁核区域脑灰质变薄。

·方法2：清晰地描述令自己焦虑的东西

假如拖延者遇到了这样的情况：老师安排他试讲一个课题，他特别焦虑，一直找借口把时间往后拖……对于这样的情况，可以用具体化的方式描述一下当时的情形，如什么时间？什么地点？有哪些人参加？你讲的是什么课题？为什么要讲这个课题？你在哪一刻感到焦虑？焦虑的时候你想到了什么，又做了什么？

当在描述的过程中，拖延者会对整个事件进行反思和觉察，厘清头脑中的思绪，看清整个事件的全貌和细节，并感知到自己的情绪。当一个人对自己焦虑、恐惧的东西变得了解和熟悉时，他会觉得更有控制感，从而减缓焦虑。

·方法3：对头脑中的事情进行优先级排序

焦虑的人，头脑中往往塞满了各种各样的想法和念头，在同一时间会想到很多件事。可以想象得出来，叠加起来的问题一股脑全来了，还要全部处理，势必会让人焦头烂额，拖着不想做。

要处理这样的情况，最可行的办法就是：把头脑中想到的事情列一张清单，并进行优先级排序。然后，选择优先级最高的那件事，全神贯注地去处理，完成一个再进行下一个。这样的话，不仅能让所要做的事情变得一目了然，还可以在完成一项任务后获得成就感，激励自己继续行动，从而有效地减缓焦虑情绪。

如果是一些长期的、难度较大的任务，可以对目标拆解、细分，制订详细的计划，明确执行方案、截止日期，按部就班地去做。当一块难啃的骨头被切成了多个小块，看起来就没那么可怕了，也能提升个体对整个事件的掌控感。

06 / 迅速减缓焦虑情绪的"三步法"

很多时候，现实的状况并没有我们想象得那么糟糕，只是我们预感会有不好的事情发生，或是对事情可能出现的各种结果把握不定，从而产生了焦虑。当我们被焦虑折磨得心烦意乱，无法静下来思考和采取任何行动时，有没有什么办法可以迅速减缓这种恼人的情绪，帮助我们找回一些平静呢？

我们可以透过美国工程师成利斯·卡利尔的一段亲身经历，来找寻解决之道。

成利斯·卡利尔曾经搞砸了一件工作，这会给公司带来巨大的损失。面对这样的突发事件，他心里焦虑万分，陷入痛苦中不能自拔，无心做任何事。这样的状态持续了很久，卡利尔意识到，不能再这样下去了，他必须要让自己平静下来才能想到解决问题的办法。没想到，这种强迫自己平静下来的心理状态，真的起了效用。后来的三十多年里，卡利尔一直遵循着这种方法，遇到事情先命令自己"不许激动"。

卡利尔结合当时的处境，总结出了处理焦虑的3个步骤：

Step1：冷静分析，设想最坏的结果

心平气和地分析情况，设想已经出现的问题可能会带来的最坏结果。当时，卡利尔面临的情况也比较糟糕，但还不至于到坐牢的境地，顶多是丢了工作。

Step2：做好准备，承担最坏的结果

预估最坏的结果后，做好勇敢承担下来的思想准备。

卡利尔告诉自己，这次失败会给我的人生留下一个不光彩的痕迹，影响我的晋升，甚至让我失业。可即便我丢了工作，我还可以去其他地方做事，这也不是什么大事。当他仔细分析了可能造成的最坏结果，并准备心甘情愿地去承受这个结果后，他突然觉得轻松了很多，心里不再压抑憋闷，找回了久违的平静。

Step3：尽力而为，排除最坏的结果

心情平静后，把所有的时间和精力用在工作上，尽量排除最坏的结果。

卡利尔的做法是，做了多次试验，设法把损失降到最低。后来，公司非但没有损失，还净赚了1.5万美元。

这3个步骤是处理焦虑情绪的通用方法。毕竟，人陷入焦虑状态中时，会破坏集中思维的能力，思想无法专心致志地想问题，也很容易丧失当机立断的能力。选择强迫终止焦虑，正视现实，准备承担最坏的后果，就可以消除一切模糊不清的念头，让人集中精力去思考解决问题的办法。

另外，感到焦虑不安时，也可以主动把内心的担忧告诉身边可信任的人，减轻一下心理负担。如果没有合适的倾诉对象，也可以找一张纸，把自己的担忧写出来。这样做的话，可以厘清思绪，让混沌不清的问题有个脉络，也能让自己清晰地认识到问题的性质，是否真的有那么糟糕？

上述过程的实质，其实就是让自己冷静下来，明白事情最坏的结果是什么？有没有勇气去承担？回答了这个问题后，焦虑会减轻很多，接下来就是想办法阻止最坏的结果发生。这个时候，掌控感重新回到了我们的手中，焦虑和拖延也就无处遁形了。

模糊不清

——看似是"懒癌"发作，实则是方向不明

✐ 01 / 没有明晰的方向，改变很难发生

深陷拖延的沼泽时，没有人不想改变现状。可问题是，为什么明知道需要做出改变，却迟迟不肯行动呢？难道只是因为"懒癌"发作吗？毕竟，现实中不少拖延者在遇到类似情况时，都会给自己扣上一个"懒癌"的帽子。

真相是不是如此呢？我想引用丹·希思在《瞬变》中的一个案例来作答。

西弗吉尼亚大学的两位教授曾经思考，怎样才能说服人们接受更加健康的饮食方式？是提醒人们开始吃什么，停止吃什么？还是提倡在家里就餐，减少外食？具体从哪一餐开始改变饮食习惯呢？办法不计其数，可执行难度却很大。

经历了几轮的头脑风暴后，两位教授把焦点锁定在牛奶上，因为牛奶是典型美国饮食中饱和脂肪的最大来源。他们发现，如果美国人不喝全脂牛奶，改喝脂肪含量低于1%的脱脂牛奶，那么饮食中饱和脂肪的摄入量很快就能降到美国农业部建议的数值。

怎样才能让美国人改喝脱脂牛奶呢？毕竟，很多人在家里往往是找到什么就喝什么，低脂牛奶和全脂牛奶的消耗速度相差无几。

他们认为，不用改变人们喝牛奶的饮食习惯，只要改变他们的购买行为就可以了。

这样一来，行动计划就变得很明确了。两位教授开始在西弗吉尼亚州的两个社区发起专项活动，利用各类媒体进行为期半个月的广告宣传，并在一场记者会上展示了一大根盛满脂肪的管子，相当于约合1.9升全脂牛奶所含的脂肪量。

两位教授检测了活动覆盖地区的八家商店，并记录牛奶的销售数据。结果显示，经过一系列活动，低脂牛奶的市场份额大幅提升。为此，他们得出结论：当新的饮食习惯要求越明确，人们接受改变的可能性越大！换句话说，想要改变，必须指出明晰的方向。

回归到现实生活中，有许多问题我们确实意识到了，可往往不知道从哪儿下手、具体该做什么，总觉得一头雾水，故而就拖着不去改变。

以垃圾分类来说，一开始很多社区的居民做得都不太好，虽然电视媒体、小区物业、居委会都在宣传，大家也都听到看到了，可多数人还是按照原来的方式处理垃圾。后来，物业安排了专人指导，并给每户居民都发放了宣传单，以及垃圾分类的防水贴纸，让大家准备几个不同的垃圾桶，把贴纸贴上去，一目了然。有了这种清晰的指导，大家也觉得垃圾分类没那么麻烦，就各自在家完成了对垃圾的分类，效果很明显。

无论是解决社会问题，还是处理个人问题，都离不开一个清晰明确的目标。你要知道前行的方向，才能制订出最佳的路径，一步步地朝着既定目标前行。如果不知道该干什么，该往哪个方向努力，要么站在原地徘徊，要么胡乱地兜圈子，最终一事无成。

◢ 02 / SMART法则：制订清晰有效的目标

你可能听说过乔·辛普森的名字，他是英国的著名攀山专家，世界上的很多高峰险峰都曾留下过他攀登的足迹。当然，他也经历过常人难以想象的艰险。

乔·辛普森曾经跌入一个与世隔绝的秘鲁高山裂缝的底部，胫骨被摔碎。摆在眼前的选择只有两个，要么在3天内爬过8公里的冰川地带抵达营地，要么在原地等待死亡的降临。经历了旷日持久的登山过程，他的体力基本上已经耗尽了，没有食物，仅剩下一点点水，怎么看这都是一场无法完成的旅程。

在令人绝望的处境下，辛普森发现自己的身上还有一样求生工具：手表。没错，他用手表给自己设立目标，每次设置一个20分钟的倒计时，然后朝着附近的岩石或漂浮物爬去。当他能够及时地抵达目标时，他就感到格外兴奋；做不到的时候，也会倍感绝望。他就这样与疲倦、疼痛以及后来产生的精神错乱持续争斗了数百次，最后在他的朋友们打算离开之前，达到了营地的范围内。后来，辛普森把这段人生经历写入了《触及巅峰》一书，并充分强调了目标设置的力量。

看过这些真实的案例后，相信没有人会质疑目标的重要性。然而，真正困难的问题是，如何构建目标才能让我们产生充分的动力？毕竟，不少拖延者也给自己设立过目标，比如，"我想减肥""我想学英语""我想赚很多钱"，但这些目标似乎并未发挥出指引的效用，完全形同虚设。

导致这种情况的根本原因是目标过于笼统和模糊，没有明确的指向性。也就是说，设定目标时不未曾考虑诸多细节，如减肥的标准是什么？准备减到多少斤？用多长时间来实现？用什么方法来实现？学习英语要达到什么样的程度，是八级水平，还是日常交流无障碍？抑或是用英语来进行商务谈判？要赚很多钱，到底是多少钱？有没有具体的标准和时间期限？现在的自身条件能否实现？如若不能，还需要进行哪些方面的提升？提升的方法和途径有哪些？

目标真不是一句简单的"我想……"，想和实现之间，还隔着一段长长的距离。如果你玩过拼图游戏就会知道，目标就像印在盒子上的完成图，拼图块就像实现目标必需的步骤和组成因素。如果没有清晰的图示，你如何用手中的素材去完成一幅美丽的蓝图？

【终结之战】：如何制订一个清晰有效的目标？

什么样的目标才是有效的呢？在此，我们需要引入一个目标体系的SMART原则。

S（specific）：明确性，不能笼统和抽象。

明确性，就是要用具体的语言清楚地说明要达成的行为标准。

×错误示范：我要养成多读书的习惯！

√正确示范：每个月读完2本书，这个月的目标是《人间失格》和《思考快与慢》。

×错误示范：我们要增强客户意识！

√正确示范：3个月将客户投诉率降低2%。

· M（measurable）：衡量性，即需要数量化。

衡量性，就是目标必须明确，要有一组明确的数据，作为衡量是否达标的依据。

举例来说，"为老员工安排进一步的管理培训"，这个"进一步"，就是不明确的，也不容易衡量。到底安排什么呢？如何衡量培训结果的好坏？

在对这一目标进行修订时，可将其改为：在2个月时间内完成对所有老员工关于安全生产主题的培训，且在课程结束后，学员评分在85分以上为期待的效果，评分在85分以下为效果不理想。这样一来，目标就变得可衡量了。

· A（attainable）：可实现性，只付出努力可实现，目标不可过高或过低，要适度。

可实现性，就是通过现有的时间规划和执行力，确保可以实现的目标。

如果你让一个只有初中英语水平的人，在一年内达到托福的水平，这个就不太现实。这样的目标是没有意义的，如果你让他一年内学会基本的日常口语交流，这个目标是有可能实现的，能够跟起脚尖够得着的果子，才有意义和动力。

·R（relevant）：**相关性，与其他目标有相关性。**

相关性，就是实现此目标与其他目标的关联情况。如果实现了这个目标，但与其他的目标全都不相关或者相关度很低，即使这个目标实现了，也没多大意义。这一点对设定工作目标很重要，你的目标必须要跟岗位职责相关。

举例来说，你是外贸的客服专员，提升英语水平直接关系着你的服务质量，这一目标就跟你提升工作水准的目标相关联。如果你去学习程序设计，那就跑题了，除非你有意转行去从事这样的工作，否则这个目标跟你提升工作水准的目标相关性很低。

·T（time-bound）：**时限性，即完成目标的时间期限。**

时限性，就是目标设置要有时间限制，拟定完成目标所需的时间，并定期检查进度，及时掌握进展的变化情况，以便及时作出调整。

假设你准备减重15斤，这个目标的完成时限是3个月还是半年？这样的话，你就清楚每个月要完成减重多少斤的任务分配了。然后，计划好相应的饮食计划和运动计划，每周称量一次体重，月底检验一下是否达标。如果只是告诉自己：我要减重15斤，而没有一个时间限制，那么，很有可能，这15斤脂肪会一直跟随你。

现在，请试着把你的目标与"SMART"原则对照，看看它是否符合上述原则？

03 / 怎样设计目标才能增加动力效应？

现在我们已经知道，借助SMART法则可以制定出清晰有效的目标。不过，有了清晰的目标不代表就能积极快乐去执行，毕竟有些目标看起来并不是那么可爱，甚至还有点枯燥乏味。所以，在保证目标清晰有效的前提下，我们有必要了解一些设计目标的技巧，从而增强动力效应。

技巧1：目标要有挑战性，促进自己成长和进步

有什么样的目标，就有什么样的人生。轻而易举就能实现的目标，往往无法促进自己成长和进步。更重要的是，你知道冲过任何比赛的终点线后会发生的事，那就是停下来。所以，要学会给自己制造一点适度的压力，就是踮起脚才能够得着的那种高度。这样，你才能慢慢学会离开"舒适区"，不畏惧冒险和不确定的未来。

技巧2：目标要有趣味性，适当融入游戏的因素

没有谁愿意做一些枯燥无味的事情，一旦觉得某些事情很无聊或是很痛苦，就会不可避免地产生拖延倾向。可现实的情形是，有些事情虽然很麻烦，却是必须要完成的。面对这样的情况，我们该怎么处理呢？

其实，枯燥不是任何工作的固有属性，想要让一件事变得不那么无趣，可以试着增加它的难度。当然，这个难度要事宜，太难的话会起到反作用。在工作难度与自身能力之间寻找平衡点，是实现心流状态的关键。

戏剧表演团"破碎蜥蜴"曾经围绕这一主题编写了《超级骑警》的电影，里面讲述了5个美国佛蒙特州骑警的故事，他们试图将游戏和恶作剧带入工作，聊以度日。以我自己来说，撰稿并不是一件轻松的事，偶尔也会觉得枯燥。为了避免这种厌烦感，每次处理不同的主题或书稿时，会挑选不同的字体，从而感受到页面整体的变化。有机会的话你可以试试，"宋体"和"幼圆"带给人的视觉感受乃至心理感受，是完全不同的。

技巧3：目标要与你紧密相关，有积极意义和价值

在参加心理培训课程的那几年，我结识了不少优秀的伙伴。有些伙伴是公司的高管，还有的是自己创业，平日工作都很忙，即便如此，他们还是愿意牺牲周末或晚上休息的时间来学习，而从未有过不情愿。通过交流，我发现伙伴们的动因大致是这样的：

· 准备从事心理咨询工作

· 改善自己和周围人的关系

· 深入了解自我，获得内在成长

· 将心理学与工作融合，提升管理能力

· 学习科学教养，构建良好的亲子关系

· 走出原生家庭的影响

当任务目标与我们息息相关，并具有积极的意义和价值时，拖延的风险就会降低。

很多时候，随着年龄的增长，我们越发能够看清因果，看到自己曾经不屑的事物所具有的意义。如果没有长远的人生目标，那

么现在你就应该去寻找它，它会给你今后所做的事情注入更多的意义。如果你的人生目标是铸造一个温暖的家，构建良好的亲密关系和亲子关系，那么无论是"打扫房间""整理衣橱""规律运动""健康饮食"，都将成为你实现这一大目标的奠基石，而你在处理这些具体事物的时候，也就具备了更深层的动力——爱自己才有余力爱家人，温暖的家需要干净整洁的环境。

技巧4：目标要实行正向表述，避免否定字眼

为了进一步强化内在动机，你在描述目标的时候，要注意使用正向的字眼，呈现出自己希望达成的状态，而不是你想要避免的处境。我们可以将其理解为一种信念或暗示，如果你总是想着"减肥期间不能吃甜品"，你脑子里充斥的往往全是甜品，你会感受到与本能欲望作斗争的痛苦；如果你想的是"每一餐都要吃健康的食物"，你想到的就是该如何搭配饮食，选择哪些健康的食材？借助下面的几组对比，好好感受一下区别：

×错误示范：我太胖了，一定要在3个月减掉10公斤！

√正确示范：我追求健康，3个月时间达到标准体重（减重10公斤）。

×错误示范：不能再睡懒觉了，要做到6点钟起床！

√正确示范：从明天开始，提前10分钟起床，坚持一周，然后循序渐进。

事物本身没有什么不同，你看待它们的眼光，决定了它们的样子。在设计目标这件事上，也是同样的道理，你看待任务的方式，深刻地决定了它们的价值。

04 / 为自己设置一个合理的期望值

每个人都有自己的道路要走，在追求实现目标的路上大多数人都是踽踽独行的个体，那么，当身边没有其他人做参照物的时候，我们该如何判断自己的能力和水平呢？

答案就是：设置期望值。要知道，做事情最忌讳的就是漫无目的地瞎做，如果对要完成的事情心中没有期待，随便做到什么程度都可以的话，那是不是不做也可以呢？如果给自己设置一个合理的期望值，情况就不同了，它有助于我们更好地实现目标。

设置一个合理的期望值，然后向它一步步迈进，当有了一个具体的数值或者目标层级做参考的时候，每一步前进或者退步都能看的清清楚楚，有助于及时调整偏颇的步伐；逐步向预先设定的那个期望值靠近时，心里会感到越来越满足，这种满足感可以帮我们树立自信心。那么，合理的期望值要具备哪些要素呢？

要素1：基于现实

一切脱离实际的理论都是空谈，在设定期望值的时候也要基于现实。你不能要求一个长期处于班级倒数的学生，在高考来临的最后3天里疯狂复习，然后考到全国第一；你也不能要求几个建筑工人，在一周内建出一座高楼。这些不切实际的念头不是"期望值"，而是漫无边际的臆想，可能出现在童话故事里，但绝对不可能出现在现实生活中。

要素2：比自己的实际水平稍高一点

哲人说："向着月亮进发，即便失败，也会置身群星之中。"

轻轻松松就能够得到的东西不能算什么宝藏。当我们设置"期望值"的时候，理应比我们自身的实际情况要高一点，这样才具有一定的挑战性，才符合"期望"这个词的本义。正如哲人拿星星和月亮打比方，当我们的目标是伸手摘月时，一点点向着月亮进发，即便最后摘不到月亮，也会置身群星之中了。

把期望值定得稍高一些，向它靠近的过程就也是我们逐渐变好的过程，即便你最后达不到期望值的水平，结果也不会太差。当然了，这里"稍高一点的期望值"要区别于前面提到的"脱离现实的幻想"。

要素3：具有独特性

每个人的人生道路都是各不相同的，即便是住在同一个屋檐下的舍友也会有不同的人生规划，而"期望值"所涵盖的内容包括方方面面，可以是你今后想从事的职业，也可以是你近期想达到的月收入。总之，每个人的人生都是不可复制的，所以在设置期望值的时候也应该根据实际情况调整，设置自己独特的期望值，不从众、不跟风。

无论对工作还是对生活，希望你能给自己设立一个预期分数，然后努力争取，实现自我的人生价值。这一路也许风雨兼程，但请你始终保持可贵的清醒，不要美化过程，不要自怨自艾，一切以客观现实为基础，希望你能成为那个"手可摘星辰"的人。

05 / 确定终点线，为任务画一条Deadline

目标管理的"SMART"原则告诉我们，目标必须是明确的、可衡量的、可实现的、有相关性的、有时限的。任何目标的实现都需要限定期限，也就是我们常说的"Deadline"。

没有时间期限，就不知道终点线在哪儿，更没有"Deadline"越来越近的紧迫感。如此一来，目标很可能会一直被停放在远处，而自己却拖拖拉拉不肯行动，并摆出一系列的理由："反正时间还多呢""时机还不太成熟""我还需要再考虑一些东西"……这一思考，可能就到了许久以后。

给目标设置Deadline不是随意的，我们必须正确评估达成目标所需的时间，将其设定在一个合理的范围内，不能太早或太晚。从心理学角度来讲，在合理的范围内把截止日期适当提前，可以增加紧迫感，促使我们下意识地抓紧工作，心里会下意识地想到"时间不多"，故而做事更加专注，不敢轻易松懈。思想决定着行动，在适当的压力和紧迫感的作用下，我们往往能发挥出潜能，提前完成任务。

刚开始做文案时，梅莎总是拖延，使得老板很不满意。毕竟，文案出不来，就会影响设计的进度，设计的样稿出不来，就没有办法跟客户沟通，等于整个流程都被耽误了。尤其是，文案写出来后，还可能需要修改，前后又会耽误一两天。为了这件事，老板没少批评梅莎，说这样的工作效率，直接影响着公司的效益。

其实，梅莎自己也知道，她有拖延的习惯。刚接到案子时，总觉得有3天的时间，绝对可以完成。第一天慢悠悠地在网上闲逛，名义上是找找思路和灵感，有时一整天下来什么内容也没写；到了第二天，依旧停留在"找"和"想"的阶段，临近下班时，老板往往就会问，有没有什么思路？进展到什么程度了？

这个时候，梅莎就会感到心慌，想着晚上加班也要做出一个思路和框架来。到了截止日期那天，她只得匆忙地补充和润色框架，然后急匆匆地交给领导。由于大量的工作都是第三天才完成的，少不了会有错误和纰漏，梅莎还得为此提心吊胆。

痛定思痛，梅莎决心一定要改掉这个毛病！

当老板交代下任务，说3天内完成时，梅莎就主动把完成日期提前一天。想到第二天就必须得出来像模像样的东西，她就不敢再悠闲地看网页、刷微博了，而是会尽快确定一个方向和框架，做出大致的内容。

到了第二天，再把具体的内容完善，做出一个基本成型的样子。第三天上午，她会再检查、修改、润色一下，在中午左右交给老板。有了精心的审核，文案的错别字、病句等问题少了很多，而且老板有什么建议的话，也能在下午就修改，等晚上下班前，整个案子就能漂亮地递交给设计部了。

只是把截止日期提前一天，梅莎的工作就变得顺畅了很多。一来心情没那么烦躁了，二来内容质量好很多，再者能加深老板对自己的信任。只是一个小小的改变，就让梅莎的工作状态发生了质的改变。

很早以前看过一个试验：教育专家让小学生读一篇课文，不规定时间，结果用了8分钟，全班同学才完成。后来，专家把时间规定在5分钟内，结果全班同学不到5分钟就全都读完了。这个试验反映了一个普遍的现象：对于不需要马上完成的事情，我们习惯于到最后期限即将到来时才去努力完成，这也被称为"最后通牒效应"。

好莱坞传媒大亨巴瑞·迪勒曾被员工称为"吸血鬼"，他在担任派拉蒙影业公司总裁时，为了促使员工更快地完成工作，偶尔会给制作人员发放一张假的计划表，把所有的完成日期都提前一到两个星期。有下属曾经质疑他的做法，对此巴瑞·迪勒给出的解释是："这样的话，即便他们耽误了工期，你还是有时间进行补救的。"

既然我们都有能力或潜力在"最后通牒"来临前完成任务，不妨就把这个截止日期做一个人为的调整。接到任务后，把Deadline往前挪一段时间，然后把任务分成几个阶段，计算好每一部分需要花费的时间，一点点按班地完成。这样的话，就能有效地避免因目标过大而产生恐惧、焦虑的心理，继而导致拖延，还能高质量地、轻松地完成任务。

06 / 合理拆解目标，循序渐进地完成

　　当我们制定出了一个积极正向、明确有效的目标后，如何保证可以顺利推进呢？

　　毕竟，长远目标通常都不是短期内可以完成的，它们看起来就像一块难啃的大骨头。人又有趋乐避苦的本能，一旦感觉骨头太大、太难啃、耗费时间太长，就可能生出畏难的情绪，陷入拖延之中，让目标被架空。

　　杏子小姐决意，用半年的时间，减重15kg。她暗下决心：这一次必须成功，并且制订了严格的饮食和运动计划。刚开始的几天，杏子小姐的状态还不错，心心念念的全是减掉15kg的体重，每天早起上秤，都盼着体重数字往下掉。

　　人的身体不是机器，体重也很难以直线的速度往下走。虽然控制了饮食、加强了运动，可体重偶尔还是会出现上涨的趋势。如此一来，杏子小姐坚持的动力很快就被磨没了，渐渐地又恢复到从前的状态，减肥大计就此又被束之高阁。

　　如果你是杏子小姐的话，你会用什么样的方式去完成这一目标？

　　我相信，肯定会有朋友想到把大目标15kg的进行拆解，每个月

减重2.5kg！然后，再将2.5kg拆分到4周，每周减重0.625kg！

没错，这就是正解！歌德说过："向着某一天终要达到的那个目标迈步还不够，还要把每一步骤看成目标，使它作为步骤而起作用。"0.625kg和15kg相比，给人的心理压力小了很多，也让人感觉容易坚持，不会因为急于求成而受挫。待每周的小目标实现了，最终的大目标也就完成了。

【终结之战】：拆解目标的两种方法——多叉树法VS剥洋葱法

方法1：多叉树法

从字面意思上理解，这是一种类似树干、树枝、叶子的分类法。大目标相当于树干，次级目标相当于分散的树枝，更次一级的小目标（现在要做的事）就是树枝上的叶子。一棵完整的目标多叉树，就是一套完整的达成该目标的行动计划。

具体应用的时候，可以分步进行：

Step1：写下大目标，思考要实现这个目标的条件是什么？

Step2：列出实现大目标的必要条件和充分条件，即达成大目标前要完成的次级目标。

Step3：思考要实现这些小目标的条件是什么？

Step4：列出达成每一个小目标的充要条件。

Step5：如此类推，直到画出所有的树叶。

请注意：从叶子到树枝，再到树干，你需要不断地问自己：如果这些小目标都能实现的话，大目标一定会实现吗？如果答案是肯定的，就证明这个分解已经完成。如果回答是"不一定"，就证明所列出的条件还不够充分，需要继续补充。

方法2：剥洋葱法

剥洋葱法，就是把目标视为一个完整的洋葱，一层一层地剥下去，把大目标分解成多个小目标，再把这些小目标分解成更小的目标，直至具体到此时此刻要做的事务。

每天不拖延、按部就班地达成小目标并不难，且这种成功的喜悦会带来动力，让我们看到自己在朝着目标靠近。这样下去，我们做事的兴趣会越来越浓，信心越来越足，改掉拖延的概率也会越来越大。

07 / 不看远方模糊的，做好手边清楚的

在执行细分任务的过程中，我们经常会被一种错误的心态笼罩：才完成了这么一点点，距离大目标还是那么遥远，长路漫漫，我能坚持下去吗？一想到这里，就感到灰心丧气，动力不足，甚至真的有可能陷入拖延中，终止行动。

托马斯·卡莱尔说过："最重要的事情就是不要去看远方模糊的，而要做手边清楚的事。"著名的作家兼战地记者西华·莱德先生，曾在1957年4月号的《读者文摘》上撰文表示，他收到的最好的忠告是：继续走完下一里路。文中，他写了这样一处情景：

"几年前，我接了一个差事，每天写一个广播剧本，到目前为止，我一共写了2000个。如果当时签一张'写2000个剧本'的合同，我肯定会被这个庞大的数目吓坏，甚至拒绝去做。好在只是写一个剧本，接着又写一个。几年之后，就这样日积月累真的写出这么多了。当我推掉其他事情，开始写一本25万字的书时，心里一直很焦躁，甚至放弃一直引以为荣的教授尊严，也就是说几乎想不开。最后，我强迫自己只去想下一个段落怎么写，而不是下一页，也不是下一章。整整半年的时间里，我除了一段一段不停地写以

外，什么事情也没做，结果居然真的写成了。"

任何人都不能瞬时完成一个有挑战性的目标，只能一步步地走向成功。我们拆解目标的目的，是为了按部就班地去做那些分解之后小任务，以免形成过大的心理压力。不管这个环节是容易还是困难，都不要思虑太多，认认真真去执行，专注于当下要做的事，感受完成它的喜悦，然后继续投入到下一个小目标中。

如果钟表的秒针和人一样，也有情感和思考能力，在听到一年要摆动3200万次的大任务时，可能也会心生畏惧。好在它是机械的，在电量充裕、没有硬件问题的条件下，只要它每秒钟顺利滴答一下，一年过去之后，它就实现了这个目标。

这也提醒我们，在执行小任务的过程中，不要用终极的大目标来"吓唬"自己，也不要过分关注"还剩下多少路程"，只要专注于眼前的每一步，努力去完成每一个阶段性的目标就行了。思考人生目标的时候，目光要放得长远一点；真正做事的时候，目光要放得近一点，把每一个饱满的现在串起来，就成了你想要的那个未来。

08 / 塑造习惯，将目标转化为固定流程

孩童时期，父母可能会每天提醒你，早晚要刷牙，爱惜牙齿。这个时候，早晚各刷一次牙，就成了你要完成的目标。十几二十年过去后，你已经不需要任何人提醒，早晨起床后会第一时间完成洗漱事宜，睡前也很少会忘记刷牙。这个时候，早晚各刷一次牙，已经成为每日的固定流程，也就是我们常说的习惯。

固定流程有利有弊：弊端在于，一旦养成了某种习惯，就会一直沿袭下去，哪怕知道适当改变对自己有好处，也很少会真的去那样做。这也使得，每个人或多或少都会存在一点点坏习惯，比如看电视时会吃完一整包薯片。当然，固定流程也有益处，它很容易坚持，哪怕是很累的时候，我们依然可以完成像刷牙、洗澡之类的事宜。

研究机构的实验表明，人类行为只有5%是受自我意识支配的，我们的行为有95%都是自动反应或对于某种需求或紧急状况的应激反应。当一件看似艰难的事情，变成了深入骨髓的仪式习惯后，做起来就是自然而然的。如果我们有意识地去形成固定流程，养成做某事的习惯，那么在意志力薄弱的情况下，依然可以按部就班追求长期目标。

【终结之战】：怎样才能够建立固定流程？

Step1：规律地在同一时间地点进行某事

就像最初养成刷牙习惯时，我们对这件事是有预见性的——早晨起床，晚上睡前，在洗漱池完成刷牙的任务。所以，在建立固定流程时，务必要设置一个固定的操作仪式，尽量让环境中的变量（尤其是时间和地点）保持稳定，如每个工作日早上6点钟练习口语，时间15分钟；每周三下午5点钟游泳，时间1小时；每周六早上吃完早餐，对家里进行大扫除，包括客厅、卧室、厨房、卫生间。

看起来很简单，你甚至怀疑它是否奏效？事实上，真的有用！心理学家发现，塑造意图能够让完成任何活动的机会翻倍。因为有了明晰的意图，就相当把大脑边缘系统调整到"想做就做"的状态：到了计划中的节点，省去反复思考的过程，直接去做。要知道，把一件事情做到"不用思考纠结就能去做"，是养成习惯的重要前提。

Step2：不随意更改流程，守护固定的规则

刚开始建立一个固定流程时，我们可能会给自己制造借口，试图逃避行动；还可能因为一些客观原因，难以完成既定的任务量。无论是哪一种情形，我们都必须谨记：固定流程需要重复才能加强，每暂停一次，习惯就会削弱，下一次要坚持会更难。

程序是需要捍卫的，规则也是要守护的，可具体要怎么做呢？

对付借口，成功学大师拿破仑·希尔在《思考致富》中提出过这样一个理念：过桥抽板。请注意，这不是教导我们过河拆桥、忘恩负义，而是提醒我们：在做一件不是可以轻易完成的事情时，最

好切断退路，让自己退无可退，这样就没法拖延和搪塞了。

对付客观原因，如生病、精神状态不佳等，可以适当调整任务量，但不能打破规则。在习惯养成之初，塑造身份的转变，比把注意力集中在想要达到的目标上更重要。比如，你想养成规律运动的习惯，规定第一周每天跑3公里，但在第四天的时候，你感觉体力不支，无法完成3公里的量，那么你可以把任务调整成"快走3公里"，只要做了就值得肯定，因为你维持住了"规律运动者""健康生活者"的全新身份。

Step3：不要贪多，一次只着力于一个重大改变

不要希冀着同时养成多个习惯，一次性设定太多的改变，远远超出个人意愿与自律的有限能力，很容易就会退回原形。这不仅会打破原来的计划，还会给自己带来负面情绪。习惯是慢慢养成的，欲速则不达，每次全身心地投入到一个重大的改变上，每一步都设定一个可行的目标，成功的概率会更大。

Step4：做好习惯追踪，为努力提供视觉证据

习惯追踪，就是追踪自己习惯的行为，为自己付出的努力提供视觉证据。《掌控习惯》的作者詹姆斯·克利尔曾经说过："视觉提示是我们行为的最大催化剂。出于这个理由，你所看到的细微变化会导致你行为上的重大转变。"

我常用的一款健康生活的app，里面有饮食记录（热量）、运动课程，可以将自己的身高体重、围度、减脂或塑形目标记录下来，每天记录饮食，可以直观地看到热量摄入；每周固定时间记录

体重，它会随着时间的推移，自动生成变化曲线，以及你完成计划的进度，一目了然。我用这款app已有2年的时间，它也的确帮我养成了记录饮食的习惯，让我知道自己每天的摄入量有没有超标，营养是否均衡，以及每日的运动消耗。

Step5：设立反馈机制，阶段性地进行即时奖励

在习惯养成的过程中，要设立反馈机制，当自己完成了30天、60天、100天的阶段性里程时，不妨送自己一件喜欢的礼物，如健身服、短途旅行、精美的日记本等。

我们都知道，量变决定质变。很多时候，我们之所以不想做一件事，恰恰是因为没有看到任何积极的改变。然而，没有看到进展，并不意味着它没有发生，就如詹姆斯·克利尔所说："我们很少意识到的是，突破时刻的出现，通常是此前一系列行动的结果，这些行动积聚了引发重大变革所需的潜能。"

坚持是持久变化的关键，但长期行动需要时间。正因为此，我们才要积极地关注进展，让自己为某个目标投入的频次、时间可视化，并在完成阶段性的小目标后，及时给予反馈。这样做的好处在于，可以让我们在进步中获得鼓励。与此同时，也让我们不再过分关注结果，转而去享受追求结果的过程，当某一行为与愉悦建立条件反射后，这个行为就更容易延续下去。

养成习惯是一个循序渐进的过程，需要慢慢来、持续走，从小目标开始，伴随着愉悦感与成就感前进，最终使其成为一种自发的行动，来抵消主观意愿与自制力的局限，从而帮助我们告别拖延，在不知不觉中成为更好的自己，做更多有价值的事。

09 / 给计划留一点应对突变的余地

斯宾塞·约翰逊说："再完美的计划，也经常遭遇不测。生活并不是笔直通畅的走廊，可以让我们轻松自在地在其中旅行，生活是一座迷宫，我们必须从中找到自己的出路，我们时常会陷入迷茫，在死胡同中搜寻。"

每个人在生活中都遇到过这样的情况：开展一项工作之前，把计划做得几近完美，想象着那最终的结果，内心就能荡起美妙的涟漪。可是，当真正去执行计划时，却被现实冷不防地甩了一巴掌。刚进入状态准备大干一场时，没想到突然空降了一些干扰事件，不想中断计划，可又不能把麻烦搁置不管，内心除了郁闷还是郁闷。

我自己深有体会，在写到这一节内容时，我刚刚经历完一场焦头烂额的挣扎。原因就是，工作室的兼职作者完成的稿子，被编辑返了回来，要求修正和调整。而这个时候，兼职手里又开始在做一个加急的稿子。这就意味着，如果她不修改返回来的稿子，那本稿子就要被搁置，拖延出版计划；如果她修改返回来的稿子，手里工作进度又会被影响。

无奈之下，我只好自己来加工返回来的稿子，以保证不影响兼职作者目前的工作进度。当然，这样做的代价就是，我在处理完返回的稿子后，需要加班把自己手里耽搁的事务完成，不然的话，我的工作进度也会受到影响。

那几天，我真的是又着急又郁闷。事后，我自己做了反思和总结，光感慨"世事难料"没有用，导致这一情况的实质原因是，我的计划缺乏灵活性。

我们吃东西的时候，不小心多吃了一些，通常都不会有什么问题，因为胃是有弹性的。工作的计划也是一样，太过死板和紧凑，缺乏可调节的空间，稍有一些外来的变化，就会导致整个计划被打乱。

正所谓，月满则亏。这件事给我提了一个醒，今后在制订计划时，应当量力而行，留一点余地。毕竟，突发事件难以避免，我们需要有足够的心理弹性去应对它。有了预留出的空白，我们在遇到不确定的变化时，就可以更从容地处理。

不过，这种灵活性得有限度，如果为了保证这种灵活性，导致无法完成重要的任务，那就得不偿失了。有些任务是不具备灵活性的，碰到这样的情况，就要想办法确保计划的执行。总而言之，别让自己过于被动，灵活的计划才有意义。

行动阻抗

——当情与理拉扯时，触动内心的"大象"

01 / 骑象人的胜利是意外，大象的胜利是常态

有了深层动机，有了长远目标，有了详尽计划，一切都已就绪，"我"却动弹不得，头脑里有两个声音在对峙，有两股力量在角逐。这个过程有时很短，"我"会在片刻后投入到行动中；这个过程有时很长，"我"在上战场之前沦为逃兵。通常来说，后一种情况是常态，"我"本不想做逃兵，却总是无能为力。

这是拖延者在现实中最真实的体验之一。在出现这样的情况时，我相信每一个拖延者的内心都不好过，甚至被自责与愧疚占满。亲爱的，如果你正在经历这一切，请停止对自己的责备，这并不都是你的错。

心理学家乔纳森·海特在《象与骑象人》中说："我们的心理，有一半正如一头桀骜不驯的大象，另一半则像是坐在大象背上的骑象人。"

看看下面的对话，是否与你内心对峙的那两个声音无比相像？

——骑象人："每天早起运动，身体素质会更好一些。"

——大象："被窝里好暖和，好舒服，真的不想起床！"

——骑象人："健康饮食，才能远离疾病和肥胖。"

——大象："我好喜欢奶油蛋糕带来的感官刺激，难以

拒绝!"

——骑象人："截止日期要到了，要抓紧时间写稿。"

——大象："我真的好累，不想动脑子。"

骑象人是我们内心理性的一面，它骑在大象的背上，手里握着缰绳，思考着对与错的问题，俨然一副指挥者的样子。在有关自身发展的道路上，它经常会理性地引导大象走在更长远的道路上。不过，骑象人对大象的控制水平并不稳定，时好时坏。

大象是我们内心的感性一面，它很简单，不考虑对与错，只考虑喜欢和不喜欢。感觉舒服的、喜欢的就去做，感觉不舒服的、不喜欢的就尽量摆脱。如果大象与骑象人对于前进的方向出现了分歧，那么骑象人注定会落败，丝毫没有还手的余地。毕竟，跟六吨重的大象比起来，骑象人显得微不足道，它的胜利只是意外，大象的胜利才是日常。

理性与感性的碰撞不可避免，而骑象人总是无奈地败下阵来，这也是既定的事实。想要对付大象，用蛮力是行不通的。相信你也试过，狠狠地批判自己懒惰，调动自控力去克制某种本能的欲望，结果却遭到了更强烈的"反击"。

这无疑提示着我们，面对强大的对手，智取胜过强攻。我们要试着靠近大象，了解大象，摸清大象的脾气，知道它想表达什么，以及它的行为模式，找到其中的规律才能触动大象。最终，让大象与骑象人一起朝着彼此都渴望的目标前行。

◁ 02 / 认识你心中的大象，构建亲密友善的关系

骑象人是富有远见的，愿意为了长期目标而作出短暂的牺牲。然而，大象是不考虑这些的，它就像一个贪玩的孩子，只贪图眼前的享受。乔纳森·海特在《象与骑象人》中这样写道："我们的内心、情感会记住每种行为立即产生的快乐或痛苦，但是如果行为是星期一做的，成功则是在星期五才实现的，它就没办法把两者联结在一起。"

也许，在此之前，你可能为了下面的情形多次责备过自己：

·你有减肥的决心，也知道该怎么做，为什么还要吞下一大块奶油蛋糕？

·你发誓不再熬夜，也知道早睡对身体有益，为什么还是忍不住刷手机？

·你想考上研究生，也制订了背单词的计划，为什么还在不停地打游戏？

现在你应该知晓了这些问题的答案：无论是吃蛋糕、玩手机，还是打游戏，都是其本质上都是一样的，就是投入其中立刻就能得到快乐，哪怕它是廉价的、劣质的。然而，要培养健康的饮食习

惯，要忍受锻炼时和锻炼后的肌肉酸痛，要不断重复地学习才能记住和熟练运用一个知识点，却是一个艰难的过程！尽管这些事情在达成目标后可以带给我们更大、更好的收益，可是大象很难将两件相隔时间较长的事情的结果连在一起。所以，在趋乐避苦的本能面前，90%都是即时反馈占据上风。

几乎所有的"坏"习惯，都与劣质快感脱不了干系，这也是诱发拖延的一个重要原因。大象趋乐避苦的本能很强大，但也不意味着问题无法解决。

乔纳森·海特在《象与骑象人》中给出了非常有价值的建议，这也是解决拖延症的两个重要方向："记得做让你怦然心动的事，或把事情变得怦然心动。"

很显然，这是在提示我们：了解并遵从大象的习性，构建亲密友善的关系，用激励的方式吸引大象做出有益于长远目标的行为。当我们完成了这个过程后，也就顺利地进入了行动模式中。

《变革之心》的作者约翰·科特与丹·科恩，曾经在德勤咨询公司的帮助完成了一份研究报告，揭示在最成功的组织变革方案中，领导者帮助他人看到问题或找到对策，凭借的不仅是传递想法，还要影响他人的情感。概括来说，改变是因为领导者同时说服了大象和骑象人。

科特和科恩强调，人们通常认为改变发生的顺序是分析→思考→改变。如果在变量已知、假设极少、目的明确的情况下，这种模式是有效的。但如果变量不够清楚，结果不够清晰，大象就可能因为改变带来的不确定性而抗拒改变。

举个最简单的例子：背会这10道题，明天考试一定能通过，大象多半都会行动；背会这些参考题，明天考试有可能会涉及，大象就可能提不起兴致，毕竟只是"参考题"，也只是"可能会涉及"，万一背了半天是无用功呢？

结合成功的变革案例，科特和科恩得出一个观察结论：改变发生的顺序不是分析→思考→改变，而是看见→感觉→改变。也就是说，看到一些产生感觉的迹象，触动内心的大象，才会激励它做出改变。了解了这一点，就为我们解决行动前的迟滞与纠结，说服大象配合，提供了指导和方向。

✎ 03 / 制造危机感，用负面情绪刺激大象

科特和科恩认为，改变很难是因为人们不愿意改变卓有成效的旧有习惯，只要缺乏燃眉之急，员工总是因循守旧。所以，他们特别强调危机的重要性，并且指出：如果有必要，必须制造出一场危机，让人们确信自己大难临头，除了改变别无他法。

1988年，北海派珀阿尔法石油钻井平台发生了一场可怕的事故，瓦斯泄漏引起了爆炸，整个钻井台被分成了两半。有一位记者描述当时的情景说："生还者面临着噩梦般的抉择，要么跳到150英尺开外、熊熊燃烧的火海，要么留在断裂的钻井台上等待死亡。"钻井平台的一位负责人说："要么被烧死，要么跳下去，我跳了下去，最后得救了。"

不得不说，恐惧确实是一种强大的刺激动力。许多健康教育工作者，也经常会利用这一情绪，如：禁烟广告里常常会印着瘾君子肺部发黑变形的照片，禁毒广告里常常会有吸毒者痛苦不堪的画面，这些负面情绪对大象都是一种刺激。

心理学家马丁·塞利格曼说过："要是鞋子里进了一颗小石子，很硌脚，你就会处理它。"从某种意义上说，想要快速引发特

定动作，负面情绪可能会对我们有所帮助，它会促使我们把鞋子里的石子倒出来，直面问题。

我在养成运动习惯的过程中，也跟"大象"对峙过许多次。庆幸的是，历经一年多的时间，我已经成了这场战役的胜出者。现在，我能保证一周4次左右的运动，且不需要刻意调动太多的意志力。反倒是，如果某一天不运动，又放肆地吃喝了一通，才会觉得不舒服。特别是晚上躺在床上的那一刻，胃里胀满了食物，翻来覆去地睡不着，内心会涌现后悔和愧疚：真不该让身体"负重"，吃太多本就不好，再不运动更是雪上加霜。

尼尔·菲奥里在《战胜拖拉》中提到过："我们真正的痛苦，来自因耽误而产生的持续的焦虑，来自因最后时刻所完成项目质量之低劣而产生的负罪感，还来自失去人生中许多机会而产生的深深的悔恨。"

结合生活中的很多情景，我们会发现事实的确如此：当我们做了自己不认可的事情，当我们违背了自己的良心和信念，或者是在从事一项让自己后悔的活动过程中，都会让我们产生负罪感或愧疚感。这种负向的体验，可能会促使我们放弃当前的活动，从而开始另一项有益的活动，比如：想到打半天游戏之后的空虚及无尽的懊悔，可能会放下手机游戏，选择去读一本对工作有益的书；想到暴食过后的羞耻与惭愧，可能会有意识地控制摄入量，让自己认真品尝食物的味道，用享受来代替放纵。

这份"悔恨感"就是一个可以利用的负面情绪，我也亲自试用过：在面对喜欢或诱人的食物时，趋乐的本能会让"大象"产生放纵一下的冲动。这个时候，我立刻回想吃撑了的自己躺在床上睡不着觉的难受情景，以及内心涌出来的强烈自责与愧疚。大象是很聪明的，在这种负面情绪的刺激下，那个想大吃一顿的冲动瞬间就被压下去了一半。毕竟，它也害怕重复体验那折磨人的愧疚感。

对抗拖延，就是苦与乐之间的一场较量，动机需要慢慢积累。负面情绪算是一个有价值的武器，如果同时还有其他的动力来源，那更能促使我们去执行积极的活动。

04 / 先调动最少的资源，跳出舒适的状态

你有没有发现：一项令人厌烦的事物，最棘手的部分往往在于最开始的几分钟，恰恰是这几分钟造成了行动障碍。其实，那件被我们推迟的事项，一旦开始做了，并没有那么难，它只是在最开始的阶段显得很难。

尽管我们已经把大目标进行了分解，每天要完成的只是很小的目标，可对于大象来说，从−1到0的距离依旧是很遥远的，它很容易心灰意冷。这个时候，我们需要安抚大象，设置一个极短的目标，让改变的幅度看起来很小，促使大象迈开脚步。

假设你正在看一档娱乐节目，放松惬意得很，但你忽然想起来，还有一份产品说明书没有写完。趋乐避苦的大象，当然不愿意直接从沙发上站起来，到书房去撰写产品说明书。毕竟从关掉电视到投入工作，这两个动作需要很大的心理跨度，完成这个任务，得调动强大的意志力，耗费太多的能量，太难了！

面对这样的情况，该怎么办呢？注意！这个时候，给大象设置一个极其短小的目标，确保调动极少的资源就可以完成的第一步——关掉电视！不要去想接下来做什么，也别去想"我要去工

作了，关掉电视吧"，更不要有"马上就要去做痛苦的事情"的念头。

为什么呢？因为当你的思维被这种消极的念头占据时，你就再也无法动弹了。别忘了，大象的力量是很强大的。只把你的思维放到"关掉电视"这个动作上，抛开其他的想法，完成这个简单到难以失败的任务，你就从舒适、快乐的状态中迈出了第一步。只有先离开沙发，把自己置于一个中立的位置，你才能够去做接下来要做的事。

六岁的女儿刚开始练硬笔书法时，对于每天完成四行字的任务，也是拖延得厉害。等把其他事情都做完了，不得不面对这份任务时，要么望着练习本叹气，要么分散注意力去玩文具，似乎怎么都进入不了状态。

对六岁的孩子来说，四行字（每行10个字）的任务并不轻松，因为要一笔一画地练习，不能敷衍了事。可想而知，大象肯定是不想动的，多么痛苦啊！为了削弱这种畏难的情绪，我建议女儿说："你先试试写3个字，我看着你写。"等她写完了，我会及时鼓励一句："写得很好啊，也挺快的。"然后，她会继续写，很快就完成了一行。这个时候，她的抵触情绪已经减轻了一半，开始逐渐进入状态了。

这里多说一句，有时我会建议她竖着写，把四个字各写一遍。这种变换顺序的方式，可以让既定任务变得不那么枯燥。前面我们也讲过，把任务设计成游戏，目的就是吸引大象的兴趣。慢慢地，女儿也掌握了类似的技巧，有一天她对我说："每一行有10个字，相当于有10个小怪兽，每写完一个，我就打败了一个怪兽。"

总而言之，设置微小的目标，不用想着一下子完成整个任务，也不用希冀立刻就看到结果，先从安逸的现状中迈出一小步，脱离舒适的圈子，就能给大象带来动力和希望。

📨 05 / 体验到有所进展，才能进入良性循环

我们都喜欢待在宽敞明亮、一尘不染的屋子里，同时我们也深刻地了解收拾家务、打扫卫生死角有多么辛苦。有时，由于没有及时打扫卫生，眼见着房间里的杂物变得越来越多，没洗的衣服胡乱地堆在床头，厨房的灶台面也已经油迹斑驳，透明橱窗的架子上已经落了厚厚的一层灰尘……这样的情景令人厌恶，同时也令人焦虑和畏惧。

问题是，一时不去处理家务问题，情况就会变得更严重，而我们的内心也会越来越发怵。恶性循环，就这样产生了。那么，我们究竟在恐惧什么？又在逃避什么？

把脏衣服扔进洗衣机，并不是什么难事，也不会令人感到害怕；用一块抹布擦拭灰尘，似乎也不是太困难。可，就是这些微不足道的小事，叠加在一起让我们感到恐惧，忍不住地想要拖延。因为一想到"家庭大扫除"这几个字，我们的脑海里就浮现了一个终极目标：要把整个房子都打扫得一尘不染，才算大功告成。

望着这个艰难的大目标，头脑里的大象想到的是一路需要攻城拔寨的任务，从客厅、卧室到厨房、卫生间，从脏衣服、布满灰尘

的柜子到地板、马桶，望而生畏的任务让我们无力迈出第一步，感觉要做的事情太多了。

其实，在处理这类问题时，打造早期成功，就是在打造希望。踏上行动之路，让大象看见自己取得的进步，体验到事情有所进展，就会给它带去继续前行的动力。所以，我们就要设计一个"奇迹标尺"，把注意力聚焦在可以看见的小里程碑上。

有一位名叫马拉·西利的家务达人，提供了"5分钟房间拯救行动"：

第一，拿出厨房计时器，定时5分钟；

第二，走到最脏最乱的房间，按下计时器，开始收拾；

第三，定时器一响，坦然停工。

这样的操作，是不是很简单？别小看这简单的5分钟，它其实是应对大象的一个小策略，也是一个"奇迹标尺"。大象不喜欢做那些无法即刻获得回报的事情，如果要让它行动，就得向它保证这个任务很容易完成，只要5分钟就行了，能有多难？

我们都知道，收拾5分钟不会有特别明显的效果，但这并不重要，真正重要的是，你开始行动了！开始一项不喜欢的活动，永远比继续做下去要难。所以，只要开始去做这件事，即便5分钟的时间到了，依然还是有可能继续打扫下去的。

大象会惊喜地发现，原来收拾这个房间也没有那么困难，并且会开始欣赏自己的成果：干净的洗手池、光亮的马桶、整洁的卫生间，接着是干净的客厅，焕然一新的厨房……自豪感与自信心交替增长，形成良性循环。

"5分钟法则"相当于一个触发扳机，让大象快速地体会到有所进展的感觉，从而减少行动的阻力，乐意把有益的活动继续下去。要让不情愿的大象挪动脚步，缩小改变的幅度是关键。延伸到生活中的其他事件，这个办法也同样适用。

美国心理学家艾伦·卡兹丁曾经鼓励父母："捕捉孩子表现良好的时刻"，他说："如果你希望女儿每晚做2个小时的功课，就不应该一直等孩子自动自觉写完作业后才给她赞美和鼓励。"其实，你应该及时地给予回馈和鼓励，哪怕是在任务刚开始的阶段。

就这样，一步又一步，大象逐渐告别了恐惧的情绪，也变得愿意合作，因为它的努力获得了回报，事情也有了进展和起色。每迈进一步，大象都会感觉到变化，始于恐惧的旅程开始有了改变，它也获得了信心与自豪。

06 / 用行动满足需求，实践5秒钟法则

当你满脑子都在纠结"要不要去做""做了会怎样""不会做怎样"时，大象肯定是不想动的，哪怕它知道做一件有益的事可以带来积极的结果，可眼下的舒适状态，实在让它难以舍弃和脱离。

我们说过，大象会因为改变带来的不确定性，以及无法把当下的行为和最后的积极结果联系在一起，而抗拒改变拖延的状态。即便我们反复地进行分析论证，也没办法消除这股抗拒的力量。如何才能打破这种模式，少一点纠结犹豫，让行动变得简单一点呢？

我们不妨借鉴《5秒钟法则》一书中给出的有效建议，这本书是作者梅尔·罗宾斯从人生最低谷中总结出的心得，当时她遭遇了中年危机，事业陷入瓶颈期，婚姻亮起红灯。与此同时，她的丈夫也面临现金流的困难。家庭的危机让她心灰意冷，对任何事情都提不起精神，每天起床时，她都要经历一场自我斗争。

忽然有一天，她看到了NASA（美国联邦政府的一个政府机构，负责美国的太空计划）发射火箭，倒数计时：5、4、3、2、1，这一刻她忽然受到了启发，她想："明天我要准时起床……像火箭一样发射。我要在5秒钟之内坐起来，这样我就没时间踌躇退缩了。"

果不其然，她做到了。然后，她开始在生活和工作中更广泛地运用5秒钟法则，提高自己的行动力，缓解意志力低下的问题，屡试不爽。原本一事无成的重度拖延症患者梅尔·罗宾斯，逐渐地从失败的境地中爬出，并成为人生赢家，登上TED演讲分享她的成功经验。她亲身证明了"5秒钟法则"有效，也在全美掀起了"5秒钟法则"的运动风潮。

也许你会心生疑问：只是简单的一个倒数计时，真的能让人发生这样的改变吗？这到底有没有科学依据？答案是肯定的。梅尔·罗宾斯在TED演讲中提到过："当你想改变你人生中的任何一个领域，有一个不得不面对的事实，那就是你永远不会感觉想去做。"

我们都习惯安于舒适区，但这种做法最大的问题是，我们总是告诉自己"这样挺好"，即使得不到最想要的那个东西也会告诉自己"没有它也没什么关系"。我们的内心渴望改变，却不愿逼迫自己，这就是能一直待在舒适区的原因，也是拖延行动的症结。

当我们有了达成某个目标的行动直觉时，制造一个所谓的"发起仪式"，即倒数计时5、4、3、2、1，这个时候，我们内心的默认想法就被打断了，而倒数计时的出现会刺激大脑的前额皮质，也就是负责行动和注意力的部分，促使我们做出行动。

以运动这件事来说，我想踏上跑步机开始30分钟的有氧训练，但通常我不会马上去做，而是会萌生出其他的想法：晚点再运动行不行？我能不能坚持跑下来？之后，我就可能把这件事往后拖，甚至放弃这一天的训练，安慰自己说休息一下也无妨。

在这件事情上，我的需求是通过运动换得健康的身体，但这种需求与行动之间，却不是直接关联的关系，它们中间还隔了一层"我的感受"。如果在产生需求的那一刻，我开始倒数计时：5、4、3、2、1，那么感受就被刻意屏蔽了，需求与行动则被直接关联起来。这个步骤，就是在夺回我们对自己的控制权。其实，需求与行动之间的关系本来就很简单，通过行动去满足需求，仅此而已。

当我意识到每天要完成至少5000字的稿件时，我会在默念5、4、3、2、1之后，立刻打开电脑。也许，空白的Word文档可能让我产生短暂的不适，但它也会迅速唤起我对文字的记忆，我的记忆神经会自觉给予心理暗示：现在该写稿了，那么，我要确定什么样的主题跟立意呢？渐渐地，我就会进入写作状态。

在尚未形成习惯之前，在做一件事情时，大脑往往需要反复思考，消耗意志精力后，才能做成一件事。如果省去这个过程直接去做，最终将其变成一种自发模式，就不必调动意志力去完成它了。

07 / 营造特定环境，阻止无益行为的发生

在工作中的过程中，你一定也体验过分神之苦：刚刚进入工作状态，页面突然弹出来一则爆炸性新闻，尽管你知道眼下要做的事情很重要，可那头喜欢热闹的大象却禁不住诱惑，对于富有吸引力的标题难以抵抗……于是，工作就被中断了，完成的时间也开始向后拖延。

能不能解决这个问题？当然可以，且非常简单。当对话框弹出的那一刻，选择设置，让通知不再弹出！只有你想去看的时候，才可以主动去浏览，而不是任由它在电脑屏幕上肆意地闪现！同理，如果你不想被微信、QQ消息干扰，那就不要在电脑页面上登录这些软件，把手机放到视野看不到的地方，如收到背包里、放到抽屉里，待特定时间再拿出来。这样一个很小的操作，就是在设计特定的环境，让不喜欢的行为难以出现。

如果你总是在早晨习惯性地赖床，而自己又很不喜欢这个行为，希望能够不拖延起床时间，闹铃响了就能起来，而不是用手关闭它，假装一切都没发生。那么，你或许可以入手一个"逃跑闹钟"，让懒觉睡不成！

"逃跑闹钟"是美国麻省理工学院女学生戈丽·南达发明的，这个闹钟长着轮子。晚上入睡前调好时间，到了第二天早上，逃跑闹钟不仅会铃声大作，还会从床头滚下来，在房间里窜来窜去，迫使你不得不从床上爬下来追着它跑。想象一下：穿着睡衣，趴在地板上，一边努力地睁开眼睛，一边不停地咒骂一只满地乱跑的闹钟，是什么感受？

普通的闹铃或是手机闹铃，按一下或滑动一下就能停止响声，让你接着睡。可是，逃跑闹钟的存在，彻底打破了原来的模式，它重新设计了一个特定的环境——你必须追着它跑，捉住它！这个过程并不好玩，等你追到它的那一刻，你基本上已经睡意全无，让你继续睡也没那个兴致了。

总而言之，设计特定的环境，促使有益的行为更容易发生，让不受欢迎的行为难以发生，可以有效地帮助我们解决很多生活问题。具体要设计什么样的环境，每个人可以结合自身的情况，尽情地发挥想象力与创造力。

低效模式

——切断分心的诱惑，重塑时间价值

01 / 是什么偷走了你的时间和自由？

加拿大学者皮特斯蒂，在拖延症研究领域颇有建树，他在《拖延方程式：今日烦来明日忧》一书中提出了一个方程式，形象地阐述了拖延的主因：

U（工作效率）=E（成功的期望值）V（工作收益）/I（分心度）D（拖延程度）

显然，分心度的大小直接影响着工作效率的高低，两者是反比关系。分心度越大，工作效率越低。拖延者总是嫌时间流逝得快，抱怨时间不够用，实则多半都是在分心的问题上栽了跟头。

Nina是一个典型的拖延者，还起了一个自嘲式网名："穷忙族中的VIP"。

她每天早出晚归，在办公室待的时间超过10小时。自认为已经很努力，可升职加薪的事儿却总是与她擦身而过。她有时会想：是不是老板对我的表现不满？我都这么勤奋了，连自己的私人时间都奉献给公司了，还要我怎么做？

实际上，老板对Nina还真有点儿不满。这绝不是故意刁难，而是看似很勤奋的Nina，拖延的毛病实在令人头大。交给她一项任务，难度不大，也总要到最后一刻才完成，交上去的东西也是漏洞百出。看在Nina是新人的分上，老板也就答应再给三个月的学习时间，让Nina尽快提升工作能力，不然的话，就得咽下被辞退的果子。

失业迫在眉睫，Nina不得不重新审视自己的工作态度和工作方法。她回想入职以来的这段时间，虽然自己每天坐班的时间很长，但真正用在工作上的时间也就有一半而已，剩余的那些时间，全都花在了网络聊天、浏览无关痛痒的网页、打私人电话上了。

人是留在了办公室里，可注意力却没有全放在工作上，时间被大量的闲杂事务占用。等到不得不处理工作时，往往发现所剩的时间已经不多了。想加班赶个进度，也是心有余而力不足，尽管没干什么大事、要事，精力、体力却明显不支了。

透过Nina的个案，我相信你应该也意识到了，分心是一个彻头彻尾的"时间盗贼"。有时，你可能仅仅是从一个专注的状态中抽离出去三五分钟，也很难再进入原有的专注状态。毕竟，大脑在任务与任务之间进行切换，是需要时间来调整的。

分心行为是开始拖延的一个重要信号，当我们在思想或行为上开始分心时，其实是用回避取代了高效的行动，比如：用逛街逃避处理不愉快的冲突、用读小说回避明天要演讲的恐惧、用看电影回避为明天的考试做准备。

分心的行为叮以无止境地链接下去，你不想处理手上的工作，就去查看股市的消息，顺便逛一逛网络商城，困了冲一杯咖啡，再去翻两眼杂志，给朋友打个电话……糟糕的是，效能工具本身也可能会成为分心行为的一种，比如：原本你打开电脑是为了促进效能，但你没有打开工作文档，而是打开了微博。

分心引发的问题，不仅是浪费当下的时间。我们都知道，一天有24小时，但时间的价值并不是均等的，大脑存在黄金时间，如果在头脑机能最高的时间段，做了一堆无用的杂事或闲事，那么失去的就不只是钟表上显示的两三个小时了。

终结拖延的目的是实现高效能，在自律中获得自由。所以，针对行动过程中的效率问题，我们要从两方面着手：一是解决分心行为，保证思想和行动始终在目标轨道上行驶；二是提升专注力，让时间的价值翻倍。做到了这两点，再结合一些实用的时间管理技能，我们就可以在有限的时间内，高质高效地完成任务，为自己赢得享受生活的空闲，远离拖延和穷忙的窘迫状态。

02 / 凌乱无序的办公桌是分心的雷区

你有没有这样的感触：当办公桌上堆满了文件、书籍、日历、水杯、手机等一系列物品时，心情会变得烦躁，思绪会一片混乱，完全进入不了工作的状态？特别是找一件东西找不到时，翻来翻去，焦急万分……好不容易找到了，时间已经浪费了不少，整个人也觉得疲乏了。

实验证明，混乱的环境会瓦解人的意志，使人变得烦躁不安，做事效率低下。相反，干净整洁的办公桌会让人心情愉快，从而以更积极的精神风貌面对工作。年轻人打扫不仅仅是为了干净，这背后的逻辑还有"爽"。而我们每天近距离接触的办公桌，更是重中之重，干净整洁的办公桌给人井井有条之感。

丫丫在一家网络公司做自媒体编辑，每天除了写文章和审稿以外，还要整理和分析后台数据。她平时就是一个"马大哈"，丢三落四的事情时有发生，很少主动收拾办公桌。几天前拆开的文具包装，同事送的糖果，街边扫码领取的小礼品，还有许多纸质的文件，都在电脑旁边胡乱地堆着。桌面拥挤得可怜，挪动键盘都不方便。

看到这乱糟糟的办公桌丫丫就心烦意乱，更别提专注工作了。

后来，丫丫在整理后台数据时发现，网友们对于"极简生活"类的内容非常关注，她也受到了一些启发和触动。

在某个周五的傍晚，丫丫下班后没有出去逛街，而是对自己的办公桌进行了一场大扫除。那些堆积的垃圾和无用文件，统统被扔进了垃圾桶。看着整洁有序桌面，丫丫的心情明快了许多。她期待周一到岗后，能像焕然一新的桌面一样，以清清爽爽的姿态投入工作中，遇见全新的自己。

居所、办公桌等外部环境，反映着我们内心的状态，整理环境的过程，也是在整理内心。人只有在由内而外都舒适的环境下，才能有效地集中精力，提升效率，不至于因心情烦躁或寻找东西而浪费时间。

【终结之战】：怎样营造一个高效的办公环境？

方法1：断舍离

日本杂物咨询家山下英子认为，所谓"断舍离"就是通过收拾家里或者工作场所的破烂儿，也整理心中的破烂儿，从而让人生变得开心和放松的方法。

断，指的就是断绝那些不需要的东西，不让某些物品进入办公场所，比如扫码赠送的小物件、化妆品包装盒等。

舍，就是要舍弃多余的废物，大胆地把一些物品丢进垃圾桶，比如过期的文件、用不到的文案资料，放在桌上也是徒占地方，不如直接丢掉。

离，指的是脱离对于物品的执念。这是一个相对抽象的概念，比如：几本工具书放在办公桌上，总以为某一天查资料时会用到它们，所以一直舍不得带回家。事实是，几个月来，你可能一直都没打开过它。

抛弃了对物品的执念才能独立思考，理性地做出选择，保持办公桌上永远只有必需品，最大程度上减少对工作的干扰。打扫办公场所、整理桌面，看上去只是清理物品，实则是与拖延之间的一种抗衡。

方法2：分类整理

整理的精髓，不是单纯地把东西摆放整齐，这不是最终目的。举例来说，对书架进行整理时，将书本按照大小进行归类，或者把资料文件按照纸张的大小和颜色进行归类，看起来是挺整洁的，但无法提升工作效率。在寻找相应的书籍和文件时，依然要挨个地翻看，花费不少时间。所以，我们要学会分类整理，提高效率。

第一，对办公资料和用品进行分类：现在要用的、将来要用的、永远不会用的

现在要用的东西，也就是今天或明后天需要的东西，如工具或与正在进行的项目密切相关的资料和用品，这些东西要放在手边，有助于工作的顺利开展。

你可能会遇到这样的情况：这个资料可能某一天会用到？那个文件有可能会有用？你最好扪心自问：到底什么时候能够用到？给出一个确定的期限，如一周后、三周后、一个月后、三个月后，按照时间区间对这些东西进行分类。

如果无法给出期限，那就把它们归为"不确定"的一类。到期后，如果这些东西还是没有用到，那就可以归为"永远不会用"的类别中，然后无情地舍弃掉。

第二，按照有效的标准叠放资料与文件

何谓有效的标准？不是简单地按照资料和文件的纸张大小和颜色来分类摆放，那样对提高效率没有任何帮助。我们要在对资料进行分类的基础上，按照资料的重要性、时间性等标准有序叠放，便于寻找和使用，这才是有效的整理。比如：把最新的资料放在最上面，把最旧的资料放在最下面，这样找资料时就很便捷了。

第三，善于用小工具整理物品

整理离不开工具，如文件柜、文件袋、文件夹、装订工具、笔筒、名片夹等，看似很简单的东西，懂得巧妙利用，可以发挥小效用。

·现在用的文件，放在文件夹里

·将来可能用到的文件，装进文件袋里

·永远不会用的文件，丢弃或收藏于文件柜里

·散落在各处的名片，放进名片夹

·各种办公笔放在笔筒里

这样一来，你得到的不仅是一个干净整洁的办公区域，还能够快速地寻找到自己所需的资料和工具，人的心情和状态也会变好。少了杂乱的事分心，自然就能把心思专注在重要的事情上、提升效率了。

◁ 03 / 牢牢抓住应对工作干扰的主动权

李斯是一家公司的业务经理，平日工作很忙，好在他会把那些大大小小的事情进行分类，制订合理的计划，尽量保证工作效率和进度。可是，最近有一件事让他颇为头疼。

部门里新来了一个实习的商务，有事没事就敲他办公室的门，一会儿是请示，一会儿是报告，一会儿又是商谈，不知道他是因为不熟悉工作流程、不敢擅自作决策，还是只想多露露脸，让领导知道他在"努力"工作。

其实，这位新来的商务到底有什么想法，李斯并不是特别在意。他真正在意的是：这位下属的做法，已经严重打扰了他的工作计划和时间安排。有时，招商会的课题正做到一半，思路就被打断了；有时刚想处理邮件，突如其来的一份报告，直接让他忘记了邮件的事，再想起来时，已经晚了。

在生活和工作中，多数人都有和李斯一样的烦恼：没有预约的客人、无端的申诉、无聊的电话干扰等，都会打断当下正在做的事，扰乱正常的思绪。久而久之，工作效率大幅降低，拖延也就在所难免了。

日本学者对于时间浪费进行过一次调查，结果显示：人们通常每8分钟会受到一次打扰，每小时大约7次，每天50~60次。平均每次打扰的时间大约是5分钟，每天被打扰的时间加起来有4小时左右，相当于工作时间的一半。

在这些被打扰时间中，有3小时的打扰是没有意义和价值的，而在被打扰后重拾原来的思路，至少需要3分钟，每天就是2.5小时。这一统计数据明确显示：每天因打扰而产生的时间损失大约是5.5小时，按照8小时工作制算，占据了工作时间的68.75%！

多可怕的数据，多恼人的打扰！面对这样的现实，许多人会心生抱怨，把矛头指向外界，认为都是那些"不速之客"的错。可冷静下来想想：我们有可能生活在一个完全不干扰的环境中吗？我们能够去限制所有人的言行举止吗？这是不切实际的。

有句话说得好：我是一切的根源。在应对打扰这一问题上，不要指望他人主动做出什么样的改变，而是要回到自我管理上。简单来说就是，让别人知道你是什么样的人，你有什么样的目标和计划，你有什么原则；哪些事情你可以提供帮助，哪些事情你一定会拒绝。这是不战而胜的法则，比直接拒绝要高明得多，也有效得多。

【终结之战】：如何应对工作过程中的"小岔子"？

工作时的干扰是打破专注力的"小岔子"，要解决这一问题，我们要掌握一些应对打扰的法则，同时针对不同的打扰来源选择相应的解决策略。

第一，四种应对打扰的法则

法则1：提前阻止——规定自己不受打扰的时间和情况，让他人了解你的工作和生活方式，知道你的原则和界限。

法则2：委婉拒绝——不要有求必应，要学会善意、婉转地拒绝，不会拒绝就意味着你不了解目标，不知道什么事情对自己来说是最重要的。

法则3：适当推迟——让他人清晰地知晓你的计划，分清主次，把不太重要的问题适当推迟。

法则4：尽量减少——为对方限制时间，清晰说明你能给出的时间。

第二，应对不同打扰源的策略

打扰人们时间的最常见因素，可以总结为"5P"。

（1）People——人

同事、朋友、上司，都可能成为工作时间中的打扰来源。请注意，不要把客户列入其中，客户的"打扰"往往隐藏着机会。

（2）Phone——电话

应对"phone"打扰的策略：

·设置留言电话的时间段，既能兼顾业务，也便于自己集中时间做事。

·不要一有电话就接，你要相信，在一定时间不接电话或少接电话，天不会塌下来。这段时间，你要集中精力做事，保证高效。

·留出一段时间专门回复电话。

·回答的语言尽量简洁，少说无关的话题。

·根据工作节奏调整手机静音时间。

（3）Paper——公文

主要指信件、无价值的e-mail、文件、无用的名片等。

（4）Peripheral vision——环境干扰

目力所及的环境，如眼花缭乱的办公室，或杂乱的办公桌。

应对"Paper"和"Peripheral vision"打扰的策略：

参照前一节断舍离和分类整理法。

（5）Personal——自我打扰

开小差、与人聊天、打私人电话。

应对"personal"打扰的策略：

· 清楚自己的价值观。

· 清晰自己的目标，坚持并专注于此。

· 管好自己的精力与情绪。

· 了解自己的生物钟。

· 不断记录、评估和修正。

✍ 04 / 你指望加班拯救你，加班只会毁掉你

曾经有人对全球500强企业的1万多名员工进行过调查，发现在每周40小时、每天8小时的标准工作时间内，员工们每天真正的工作时间还不足6小时，大约有2个小时是在做与工作无关的事情。于是，有人提出建议：平时多加班2小时！

这也是不少拖延者的真实现状：白天优哉游哉，下班开始工作，试图用加班的方式来弥补损失的工作时间。那么，加班到底能不能解决问题呢？

从表面上看，增加工作的时间确实可以提高产出，提升完成任务的概率，但实际的情况却告诉我们，这不过是人为的假想！且不说这浪费掉的2个小时无法挽回，就算是加班，也未必能扭转不良的状况。这项研究还发现：当一个人的工作时间超过8小时后，其工作效能会呈现递减的趋势。

为什么加班看似是一种弥补措施，实则效用低下甚至会产生负效应？

第一，大脑存在黄金时间，上午的时间价值是晚上的4倍

人类的大脑在早上起床后的两三个小时里是最清醒的，不会感

到疲劳，经过一晚上的休息，它处于非常有条理的状态。可以说，这段时间是一天中头脑机能最好的时间段，特别适合处理需要高度专注的工作。在这段时间工作可以将工作效率提高到原来的2倍，甚至更高。

虽然每一天都有24小时，但时间的价值不是均等的。之所以不提倡加班，是因为早上1小时的时间价值，是晚上1小时的4倍！如果把大脑的黄金时间浪费在坐公交地铁、查收邮件、逛购物网页上，那无异于巨大的浪费。幻想着下午或晚上加班弥补损失，完全是一种"自以为是"的想法，因为到了下午和晚上，身体和头脑都会感到疲惫，此时处理"专注性工作"，会显得力不从心。不仅花费时间更多，而且工作质量还不高。

第二，为加班牺牲睡眠，是在透支第二天的专注力

错过了大脑的黄金时间，就算加班也是事倍功半。从效率和质量上讲，根本实现不了弥补的作用。不仅如此，如果因加班缩短正常的睡眠时间，不仅效率不高，还会危害健康，甚至危及生命。

科学数据显示，睡眠时间不足的人患上癌症的风险是一般人的6倍，患脑出血的风险是一般人的4倍，患心肌梗死的风险是一般人的3倍，患高血压的风险是一般人的2倍，患糖尿病的风险是一般人的3倍！一项针对日本男性的调查显示，平时睡眠时间不足6小时的人，与每天睡7~8小时的人相比，死亡率要高出2.4倍！

这些数据充分说明，缩短睡眠时间，无异于缩短寿命。退一步说，如果牺牲了睡眠，能够换得高效率、高产出，那也可无可厚非。可现实是，它不仅弥补不了白天的损失，还会透支第二天的专注力，对第二天的工作产生极大的负面影响，这简直是得不偿失。

有一项针对人们睡眠时间与大脑机能的关系的研究：研究人员以每天睡眠8小时为基准，分别对比了每天睡8小时、6小时和4小时的人的脑机能。结果显示，连续14天每天只睡6小时或4小时的人，脑机能逐日下降。即使每天睡6小时，人的认知能力也会下降。另外的一项研究表明，为了维持白天脑清醒的状态，人每天需要7~9小时的高质量睡眠。

总而言之，别把加班当成拖延的退路，你指望它来拯救你，殊不知它会毁掉你。靠谱的做法是，不虚度工作中的每1分钟，重视时间的价值，对工作心存敬畏，既是一种负责任的态度，也是一种自我管理的能力。唯有杜绝时间的浪费，时刻考虑到工作效率，才能比别人创造更大的价值和收益。

✐ 05 / 以专注力为中心进行任务分配

关于时间管理的内容，相信你一定读过不少，譬如：乘坐公交地铁的1小时，不要只顾玩游戏，将其用来读书；缩减每天查看邮件的次数，节省下来的时间去做其他事；把碎片化的时间利用起来，完成一件有意义的事……无论是哪一种形式，其基本思想都是相通的，即时间置换。

这当然是一种时间管理的方法，可问题是，它很难突破一天只有24小时的壁垒。换句话说，以时间为中心进行分配的话，我们还是很容易感觉时间太少、不够用；没做几件事，一天就过去了……虽然没有浪费时间，但效率却没有明显的提升。

我刚从事自由职业时，就是按照时间来给自己安排工作，除了不用通勤以外，基本上和坐班没有太大的区别。早上8点半开始工作，中午11点半准备午餐。12点吃过午餐后，休息一个半小时，下午继续工作到5点钟。

这样的安排有利有弊，益处是比较规律，但弊端也比较明显：一是每天的产出量不固定，状态好可以多写点儿，状态不好就是完成两篇文章的量；二是没有多余的时间去做其他喜欢的事情，如读书、运动，都要安排在"下班"以后。很显然，这完全是另一种形式的坐班，根本没有让自由职业实现价值最大化。

后来，我无意间接触到日本神经科医生、作家桦泽紫苑提出的一个理念，如果能够想办法提升自己的专注力，就可以提高工作效率。在相同的时间内，可以轻松将工作量提高2倍或3倍！用公式表示的话，即：专注力（工作效率）×时间＝工作量。

前面说过，大脑存在黄金时间段，如果在专注力高的时间段，做需要高度专注的工作，那么产出的工作量就会加大。我开始尝试用这种方法工作，把写稿的任务安排在上午8点半到11点半，这三个小时是我专注力最高的时段，我会屏蔽一切干扰，专注地写稿。为了均摊任务量，保证稿件的进度，我给每天定了一个5000字的任务标尺。

当我尝试这样做的时候，发现3个小时专注工作，基本上可以完成这一任务量的70%~80%，也就是3500~4000字。这样的话，午休后再工作1~1.5小时，就能够完成每天的既定任务了。状态特别好的时候，一个上午也可能就把工作处理完了。

这样一来，节省出来的时间，我就可以做另外的安排了。如果是专注力还有一些剩余，我会用来读书或听书，做一点读书笔记。当感觉有点疲劳时，我会及时停下来，按照桦泽紫苑的另外一条建议，借助运动来重启专注力。这是一举两得的事，既能养成规律运动的习惯，还能让身体和头脑重新充满活力。

有氧运动对头脑是很有益处的，作为神经科医生的桦泽紫苑解释说：我们在进行有氧运动的时候，头脑会分泌一种名叫脑源性神经营养因子的物质，它对脑神经的成长发育和正常运转发挥着至关重要的作用。此外，头脑还会分泌一种叫作多巴胺的神经递质，提高人的兴致，使人产生幸福感。适度的运动之后，不仅能提高人的专注力，还可以让记忆力、思考能力、工作执行能力等多种脑机能得到提高。

　　大汗淋漓的畅快感，会消除疲惫，让专注力重启。这个时候，我会重新进入学习或工作状态，有时是阅读心理学专业的书籍，有时是更新公众号的文章，抑或是为后续的工作任务做准备，列出框架或要点，这样也有助于第二天更高效地启动工作。

　　借助这些分享，希望大家也能够对时间管理有一个新角度的认知。毕竟，时间管理的本质不是时间，而是工作效率。与其把时间进行分割，不如按照专注力来进行任务分配，在适合的时间做适合的事，以求获得高效的工作与优质的生活。

06 / 贪多嚼不烂，一次做好一件事

心理学家爱德华·哈洛威尔做过一个形象的比喻："一心多用就像是打网球时用了三个球，你以为能面面俱到，以为自己的效率很高，可以同时做两件或者多件事情，实际上不过是你的意识在两个任务之间快速切换，而这每一次切换都会浪费一点时间、损失一些效率。"

在私企做秘书的Coco，总是抱怨自己的工作："每天事情太多了，要打印文件，要去银行缴费，要给客户回邮件……有时，我都不知道该从哪儿下手。"

同样是做文秘工作的Tina，就职的集团比Coco所在的公司规模大很多，工作量自然不用说，可她却不觉得日子难熬，经常能去新餐厅尝鲜，能跟朋友郊游，还有时间写网络小说。

Coco和Tina之间的差别，不完全是心态上的问题，更主要原因是，工作的方法。如果毫无头绪，杂乱无章，即便只有几项事务，也会折腾得晕头转向。

你在工作中有没有这样的经历：原本正在全神贯注地做一件事，突然电话铃响了，同事找你帮忙，上司又安排了新任务……迫

不得已，只能中断手里正在进行的工作。来回折腾几个回合，最后可能一件事情也没完成，刚刚厘清的思路也变得混乱了。

思考最大的敌人就是混乱，神经学家发现：人的大脑通过语言通道、视觉通道、听觉通道、嗅觉通道等来处理不同的信息。每一种通道，每次只能处理一定量的信息，超过了这个限度，大脑的反应能力就会下降，非常容易出错。

本来，你专心致志地背一天单词，可以记住50个，但你非要戴上耳机，听着广播，那么你的注意力偶尔就会被广播分散，影响你背单词的效率。一天下来，你可能就只记住了25个，剩下的25个，自然又得拖到明天去做。所以说，太多的讯息会阻碍正常的思考，就像电脑的内存塞满了处理命令，会导致运行缓慢或死机是一样的道理。

要解决这个问题，方法很简单，效率大师傅思·崔西有一个著名的论断："一次做好一件事的人，比同时涉猎多个领域的人要好得多。"爱迪生也认为，高效工作的第一要素就是专注，他说："能够将你的身体和心智的能量，锲而不舍地运用在同一问题上而不感到厌倦的能力就是专注。对于大多数人来说，每天都要做许多事，而我只做一件事。如果一个人将他的时间和精力都用在一个方向、一个目标上，他就会成功。"

如果你经常在工作中把自己搞得疲惫不堪，那么很有可能是没有掌握这个简单的方法。试着让大脑一次只想一件事，清楚一切分散注意力、产生压力的想法，让思维完全进入当前的工作状态，往往就不会因为事务繁杂、理不出头绪而顾此失彼了。

做事就像拉抽屉，一次只拉开一个，满意地完成抽屉内的工作，再把抽屉推回去。不要总想着把所有的抽屉都拉开，那样会把一切都搞得混乱，让自己精疲力尽，却得不到好结果。试试看吧！你会有不一样的收获。

◢ 07 / 事分轻重缓急，掌握四象限法则

陈洋是一名大四的学生，近期面临着毕业论文和就业的两重烦恼。

半年前，陈洋经亲戚介绍去了一家咨询公司实习。公司离学校很远，来回路上要花两个小时。初入社会适应新角色，原本就是一件颇有压力的事，加之他还没有正式毕业，毕业论文的事也让他倍感焦虑。

众所周知，毕业论文不过关学校是不准许毕业的。忙碌的生活让陈洋难以喘息，每天穿梭在地铁、校园、公司里，当周围同学把大量的时间和精力投入毕业论文中时，他却忙于公司的事务，牺牲了写论文的时间。公司老板对陈洋赏识有加，但学校传来的消息让他措手不及：毕业论文没有通过，不予颁发毕业证书。

这个消息如同晴天霹雳一般，让陈洋感到无所适从，心中追悔莫及。拿不到毕业证就意味着四年本科的努力付诸东流，而公司最后也不会给一个没有大学毕业证的实习生转正的机会。陈洋陷入了巨大的苦恼之中，开始懊悔为什么之前没有把时间分配好，当他是一名学生时却没有把主要精力放在学业上，导致了这样难以接受的

结果。

把事情按照轻重缓急排序，其实是时间管理的一大要素。日常生活中，我们每天都有很多事情要做，如果总是随心所欲、想到哪件事就做哪件事情的话，最终的结果就是混乱、繁杂，捡了芝麻却丢了西瓜。在有限的时间里，首先做最重要的事情，这样才能减轻我们的心理负担，让我们更高效、更自如地完成"次要"的事情。

【终结之战】：如何对事情进行科学合理的排序?

著名管理学家史蒂芬·柯维提出过一个"四象限法则"，即把所有事情按照紧急程度划分为四个范畴，即：第一象限为重要且紧急的事情；第二象限为重要但不紧急的事情；第三象限为紧急但不重要的事情；第四象限为不紧急也不重要的事情。

第一象限：重要且紧急的事情

这类事情应当是放在最首位的。对于医生来说，给病人做手术、进行医学治疗就是最重要的事情，容不得一分一秒的拖延；对于律师来说，准备好充足的材料，及时走上法庭为他人辩护就是最重要的事情；对于外卖员来说，按时把食物送到客户手中就是最重要的事情。所以，重要且紧急的事情，应当立即去做。

第二象限：重要但不紧急的事情

健身、学习第二外语、研读某本专业书籍、建立一段人际关系……这些都是能够帮助我们提高自身的事情，但并不是急迫的、非要当下执行不可的，需要制订长期的计划，循序渐进地完成。所以，这类事情可以放在次要位置，有条不紊地去做。

第三象限：紧急但不重要的事情

突然收到的朋友聚会的邀约、快递公司催促取快递的电话、他人临时请求我们办的事情，这些都是属于紧急但不重要的范畴。但由于其紧急性，常常给我们造成"这件事情很重要"的错觉。这类事情大多是可以推辞掉的，或者可以在一定程度上地延迟，并不会打乱我们原本规律的生活计划。所以，紧急但不重要的事情，可以选择委婉地拒绝，或者在时间充裕的时候处理。

第四象限：不紧急也不重要的事情

很多人觉得时间不够用，恰恰是因为浪费在这类事情上了，看无聊的小说、刷微博、看搞笑视频、工作过程中回复微信消息或与朋友闲聊，宝贵的时间就这样一点一点消耗了，而自己却浑然不觉。尽管小说、视频这类以电子产品为载体的娱乐方式能在一定程度上让我们感到放松，在忙碌的工作之后刺激我们疲惫的感官，但如果过度沉迷，只会适得其反。所以，这类"不紧急也不重要的事情"尽量不做，因为完全是浪费时间。

有没有发现，四象限法则是以"价值"为基础，对事情进行划分的？我们做任何事情都脱离不了其价值意义，虚度年华、浪费时光，绝对不会是智者的选择。

吴颖在一家公司的销售部门工作，近期发展了好几个客户，其中有两位客户对公司的产品特别感兴趣。在与他们沟通的过程中，吴颖可以感受到客户的热情。至于另外几位客户，还是持观望态度，抱着"了解一下但不一定购买"的心理。

毫无疑问，吴颖选择把更多的时间投入在与意向客户的沟通上，对于持观望态度的客户，尽管也是有问必答，但投入的时间和注意力并不多。对吴颖来说，与有明确购买意向的客户沟通，在四象限中属于"重要且紧急的事情"，而跟进持观望态度的客户则属于"重要但不紧急的事情"，可以适当放缓。

吴颖除了本职工作以外，还发展了一项副业：摄影。摄影是吴颖大学时期培养起来的兴趣爱好，毕业后就作为副业了。双休日的时候，她会接一些私人的单子，帮他们拍写真。不过，当工作上有重要事情急需处理的时候，吴颖就会暂停接单。对她来说，本职工作才是最重要的，绝不能拖延耽搁。

现在，你可以试着把自己要做的事，分别填入到四个象限中。这样一来，你就知道自己的时间该怎么分配了，也知道哪些事要优先处理，哪些事可以放一下或交给别人，哪些事需要每天坚持做一点点，稳中求进。心中有数，就不会手忙脚乱了。

✎ 08 / 学会使用高效的 "番茄工作法"

　　Susan在大学时期养成了一个不好的习惯，平时把任务一再推迟，总是自我安慰："没关系的，还有时间的啦！"到了时间快要截止的时候才开始拼了命地赶。大学时期的Susan发明了一套自己的学习方法：平时上课刷手机、作业随便糊弄，然后到了期末考试临近的时候通宵复习，窄窄的抽屉里堆满了各式各样的袋装咖啡。

　　靠着不错的头脑，Susan的成绩还算过得去。她甚至开始沾沾自喜，对室友说："看吧，我平时不用学也能拿及格分。"表面上的Susan轻轻松松，其实背后却付出了很大的努力。因为平时没有认真听教授讲课，导致很多基础知识都弄不明白，总得上网查资料，既烦琐又疲惫，有时还要通宵复习，没有一点休息的时间，身体几乎撑不下去了。

　　最可怕的是，Susan把这种不良习惯带到了工作中。每天上班时间优哉游哉地刷网页、做其他的事情，到了临近下班时间便开始疯狂赶任务。当同事们梳理一天的日程，准备回家的时候，Susan还在孤身奋战，有时候要加班到很晚。令她不解的是，都把休息的时间用来工作了，为什么效率不高呢？

生活中有很多人像Susan一样，在片刻的沮丧和懒惰之后会全身心地投入工作中，但在紧张急迫的情况下完成任务的质量并不高，而且身体上几乎精疲力竭。

这种把大规模任务集中到一起解决的工作方式，并不值得提倡。人的身体不是机器，在一段时间的紧张运转之后是需要短暂休息的，而那种"放任自我式"的长时间休息也不科学，"劳逸结合"其实是一件很值得考究的事情。

【终结之战】：怎样找到工作与休息之间的平衡点？

我们需要在工作与休息之间找到那个平衡点，最大效率地完成任务，又保证不会过于疲惫。那么，具体该怎么操作呢？

弗朗西斯科·西洛创立了一种时间管理的方法——"番茄工作法"。这种方法简单易行，即选择一个待完成的任务，将番茄时间设置为25分钟，专注工作，中途不允许做除了工作以外的其他任何事情，直到时钟响起，然后在纸上画一个★表示休息5分钟，如此轮回4次可以多休息一会儿。如果中途不得已被打断，则需要重新开始计时。

你或许会好奇：为什么"番茄工作法"有如此神奇的魔力呢？

其实，这与我们人体的运行机制有关。当我们开始做一件事情的时候，注意力呈曲线状，等到过了最集中的那个点注意力就很容易被外在因素打断，此时就需要片刻的中断，然后开启新的一段努力，第25分钟就是那个最合适的时间点。

使用"番茄工作法"的好处有很多：

第一，提升注意力，劳逸结合

看上去无边无际的任务总让人感到压力巨大，而在"番茄工作法"之下，你只需要集精力做满25分钟，是不是变得容易多了？

第二，减轻焦虑感，加强决心

越是繁冗复杂的任务越是让人心生焦虑，而"番茄工作法"可以有效改善这一点。你的心中会始终有个信念：只要我按部就班地做下去就一定可以完成任务，原本规模浩大的目标被肢解成了一小段一小段，只要完成了眼下的25分钟就会感到成就满满，焦虑感于无形中消失了。

第三，改善任务流程，减少干扰因素

在平常的学习或工作中，难免会被身边各种各样的事物打扰到，而"番茄工作法"其中有一项机制就是：当任务不得已被打断时，终止计时，重新开始一段番茄时间。试想：25分钟本就是一个不算长的时间，一般人是愿意屏蔽周围一切专心致力于工作的。

盲目地付出精力有时候会适得其反，了解人体规律、科学地制订工作方法才是我们应该做的。需要注意的是，"番茄工作法"中提到的时间长度设置并非要固定不变，25分钟只是一个建议时间，每个人可以根据自己的工作习惯和体能状况调整。

计量时间的工具也不一定要用专门的"番茄钟"，可以用普通的时钟、手表或是沙漏，但不建议用手机。现代人接触手机太过频繁，造成了依赖性，而"番茄工作法"的内在规律就是，帮助我们避免手机等干扰因素。

精力危机

——主动地补充精力，明智地分配精力

01 / 没有足够的精力，拖延就成了必然

加拿大卡尔加里大学的教授皮尔斯·斯蒂尔，是世界上最有影响力的拖延心理学研究者之一。他在搬到明尼苏达州攻读博士学位时，与妻子想办法租到了一套颇为理想的公寓，那是一间改造过的仓库，房租很便宜，距离他的大学和妻子工作的地方都很近。更美妙的是，公寓与密西西比河只隔着一大片金色的麦田。

不过，世间之事少有完美。附近的麦田种满了豚草，引发了皮尔斯的花粉症。在此之前，他的过敏症从来没有严重到需要吃药的程度。不过，在服药之后，皮尔斯每天早上都要在妻子的反复督促下才能起床，工作状态也是一落千丈。

皮尔斯不禁自问：我这是怎么了？是压力太大，还是抑郁了？无意间，皮尔斯在药盒背面看到了一行小字："可能导致嗜睡。"这让皮尔斯恍然大悟。他了解到，大多数的抗过敏药物中都含有抗组胺剂，这是安眠药的主要有效成分。难怪他在服用了药物后，一直昏昏欲睡，工作也提不起精神。

药物引发嗜睡的感觉，相信多数人在生活中都体会过，这种感觉就好像疲乏到了极点，眼睛怎么也睁不开，头脑不听使唤，连很

小的困难都会变得难以克服。同样，即便没有服用带有安眠成分的药物，而是因为过分劳累而导致精疲力竭时，我们也同样会感受到被掏空、疲软无力的痛苦。这个时候，让你去扫地洗碗、清理车库，你是绝对不愿意的，就连平日处理起来并不费力的工作，也会忍不住想要拖延。

阿浩计划隔天跑5公里，他原本坚持得不错，可是有一周工作出现变动，为了给客户出图，他几乎天天都要加班到晚上9点，周末也变成了单休。阿皓每天通勤单程要花费1个半小时，白天还要工作，连续忙活十几个小时，回到家时他已经精疲力竭，瘫在沙发上一动也不想动。那段时间，他完全把跑步的事抛在脑后，根本无力去执行。

精疲力竭会降低人的意志力。在某些特殊的时刻，我们无法全身心地投入要做的事情中，只想躺下来好好休息，不是因为心理上的惰性和其他症结，而只是因为精力不够，也就是人们常说的"心有余而力不足"，而这也是拖延产生的生理基础。没有充沛的精力，就不能有高效率，想解决拖延的问题，务必要重视精力管理。

那么，到底该如何管理我们的精力呢？概括来说，可以从三方面入手：

第一，减少不必要的精力耗损。

第二，把有限的精力用在重要的地方。

第三，用恰当的方式补充精力。

我们的精力犹如为一块可充电的电池。当这块电池电量满格时，就意味着精力充沛，可以高效地完成既定工作。但我们知道，电池的电量都是有限的，为了让它发挥最大的效用，先得减少不必要的耗损，把精力留给最重要的事。否则的话，当电量被无端耗尽，正事还没来得及做。

随着精力的不断输入，电池的电量就会减少。我们不能等到"油尽灯枯"的时候再去充电，那样的话，就像手机因电量过低被迫关机一样，重启也是需要时间的。正确的做法就是，间歇性地补充精力，既不太浪费时间，又能保证相对稳定的状态。

02 / 精力是稀缺的，学会拒绝很重要

　　生活中有一类拖延者特别"可怜"，说他们"可怜"是因为，他们热情、善良、好说话，就像《芳华》里的刘峰，不管别人提出什么样的请求，都会尽力伸出援手。有时，甚至会把自己的私人时间挪用出来，为别人办事，只求得到一句"你人真好"的评价。在他们的字典里，是没有"拒绝"这个字眼的，仿佛拒绝别人等于抹杀了自己的价值。

　　善良的本质，永远是值得尊重和提倡的。然而，人的精力是有限的，不去思考自己的生活中该有什么，不该有什么；要做什么，不必做什么，真的理智吗？在力所能及的范围内，不必消耗太多时间精力，帮别人一个忙，融洽了关系，无可厚非。可当有些请求本身已经让你很为难，而你也有一堆事务缠身时，再去接受这些请求，就没必要了。

　　比尔·翁肯提出过一个"猴子管理法则"，意在告诉人们："每个人都应当照看好自己的猴子。如果你是一个珍惜时间的人，就不要随随便便去接别人扔过来的猴子。如果有人总是把他的猴子丢给你，而你也接受了，那么你的生活和工作会变得一团糟，因为

你要花费大量的时间去照顾别人的猴子。"

可能有人会问：如果同时要我去背负他的猴子，或者他们的猴子正骑在我的背上，我该怎么办呢？对此，专家给出的建议是："虽然这个世界上到处都是猴子，但你能做的，只是挑选出一只你真正关心的即可。如果可以，让别人去照顾他们自己的猴子，如果他们不想处理，你也不应当试图解决别人的问题。偶尔伸出援手没什么，但千万不要让人以为，你可以随意接受任何人的猴子。这样的话，你才能够避免浪费自己的时间。"

学会说"不"，是对自己的尊重，也是一项重要的能力。很多拖延者之所以会拖延，就是因为太顾及他人的感受，完全丧失了拒绝的能力，为他人的事浪费掉了太多的精力。

为什么会不好意思拒绝别人呢？究其根源，无外乎是以下几方面原因：

· 接受请求比拒绝请求更容易。

· 担心拒绝之后触怒对方，破坏原本融洽的关系。

· 不了解拒绝他人请求的积极意义。

· 不知道如何拒绝他人的请求。

的确，拒绝他人可能会引起对方的不愉快，但绝不能因为有这样的担心就做出来者不拒的选择；也不能因为害怕破坏原本和谐的关系，就一直隐忍着委曲求全。事实上，不是所有的拒绝都会导致不愉快的结果，关键在于掌握拒绝请求的技巧，在一定程度内避免或消除上述的这些疑虑。

【终结之战】： 拒绝他人的正确打开模式

在拒绝他人的请求时，不妨按照下列的步骤去做——

Step1：认真听完对方的请求，哪怕听到一半时，就已经知道非拒绝不可，也要听对方把话说完。这样做是为了表示对拜托者的尊重，也是向对方表明，自己对事不对人。

Step2：当时无法决定接受或拒绝时，可直接告诉对方还需要考虑一下，并确切告知自己所需要考虑的时间，消除对方误以为你在用考虑做挡箭牌。

Step3：拒绝接受请求时，态度要诚恳，略表歉意。但是，说话一定要干脆，不能拖泥带水，让对方感觉到你是真的无能为力，同时也让对方有不再继续说服你的念头。

Step4：亲自拒绝对方的请求，不要请第三者代劳，那样的话，对方会认为你态度不够诚恳，是在敷衍他。

相互协作值得提倡，前提是游刃有余地处理好自己的事。有富裕的时间和精力，在力所能及的范围内，再去考虑接受别人的请求。别总是不好意思拒绝他人，当对方向你提出请求的时候，他已经做了两重准备，一是同意，二是拒绝。不做"滥好人"，才能逐渐脱离忙碌辛苦、拖延无为的状态，还自己一份轻松与从容。

03 / 积极休息，别让自己熬到精疲力竭

当我们感到精疲力竭的时候，通常是我们已经达到了自己精力的极限。在这样的状况下，无论想做一件事情的动机有多强烈，体力或脑力都难以支撑我们去完成它。这个时候，拖延就不可避免地出现了。

怎么办？暂时放下，缓解疲劳，几乎是唯一的出路。你一定见过冬天里的雪松，它之所以能够承受住大雪的压力，不是因为它刚强，而是因为它柔韧。那些只会笔直伸出的树枝，反而会被压断。人在感到疲累时，积极休息就成了必须。

积极休息，不仅是蒙头睡一觉，而是指一切可以达到放松身心效果的活动。

我的书房里放了几盆绿植，不只是为了美观，更重要的意义在于，我要求自己每天抽出20分钟的时间，好好照顾它们，浇水、洗叶子，哼两首曲子给它们享受。照顾绿植的时间，也是我缓解工作疲惫的时间。

可能有朋友会问：积极休息，是不是必须要彻底放下工作？

其实不然。长期持续从事同一项工作，人的脑力和体力会产生

疲劳，大脑活动能力会降低，精力涣散。此时，如果能够适当地改变工作内容，就会产生新的兴奋点，而原来的兴奋点会受到抑制，让脑力和体力得到调剂与放松。

英文《新约·圣经》的翻译者詹姆斯·莫法特，每天的工作量是巨大的。据他的朋友讲，他的书房里有三张桌子，一张摆放着他正在翻译的《圣经》译稿；一张摆放的是他的一篇论文的原稿；还有一张桌子摆放着他正在写的一篇侦探小说。然而，莫法特却从未觉得精力不够，或是疲惫憔悴，因为他就是靠从一张书桌挪到另一张书桌来休息的。

多数时候，疲劳都是厌倦的结果。要消除这种疲劳，不一定非要停止工作，变换一下工作的内容，也是一种选择。有时，我们是应该停下工作休息，但休息并不意味着什么都不做，只躺在床上睡觉，把工作的性质变化一下，疲劳一样可以得到缓解。比如，写作累了就看会书，或是到户外运动一下。我们对休息缺乏想象力，因而才经常未能对症下药，导致越休息越累。

休息不仅是体力上的恢复，也包括精神力的恢复。有时，我们并不觉得身体疲惫，可就是没有做事的动力，这就在提醒我们，需要切换思考方式了。哲学家卢梭曾说，他只要工作时间稍长一点，就会觉得身心俱疲，且只要超过半小时专注地处理一个问题，就会感到累。为了解决这个问题，他让自己不断地处理不同的问题，累了就换一个问题继续思考，这让他的大脑保持着轻松愉快的状态，而他的研究工作也没有间断。

为了防止工作中出现的疲劳感减慢工作效率，我们要经常地变换工作方式、工作地点，或是几种工作互相交叉同时进行，让大脑一直处在新鲜的信息刺激下。这就是莫法特休息法的核心。事实上，它包含以下五种类型的工作—休息模式：

模式1：抽象与形象交替

研究理论问题可以跟学习形象的、具体的问题交替进行，比如，在研究哲学、美学、历史、心理等问题感觉疲惫时，可以去看看小说、散文或图片，这样的话，大脑左半球会得到休息，同时大脑右半球得到充分利用。之后，再去研究理论问题，就能够恢复充沛的精力。

模式2：转换问题的切入点

对于同一个研究对象，如果切入点不同，大脑的兴奋点就会不一样，这时也能够达到休息和提高效率的目的。比如，阅读一部理论专著，在从前往后的研读中，觉得很枯燥，身心有疲惫感。那么，不妨从自己感兴趣的地方去读，逐渐扩展，就能让自己兴趣盎然，集中精力。

模式3：体力与脑力交替

这种方式很常见，也比较容易理解，就是进行一段时间的脑力劳动，略感疲惫时，放下手头的工作，出去运动一下，如散步、慢跑一会儿，就会感到精神焕发。

模式4：动与静交替

长时间用一个姿势学习、写作或阅读，很容易感到疲劳，适当地改变一下姿势，或是变换一个地点，都可以兴奋神经，消除疲倦。比如，坐着录入一小时后，感到有些累，不妨站起来工作。

模式5：工作与休闲交替

工作是必需的，娱乐也不可少，和谐的生活需要有张有弛，方能长久。突击式的工作只适合一时，时间久了，必然会引发危害。在紧张工作的间隙，可以看看电影、听听音乐、爬爬山，体会一下休闲生活的乐趣，这不是浪费时间，而是愉悦身心的选择，可以有效地提高创造力，甚至获得某些灵感的启示。

04 / 调整饮食结构，吃对了就不会累

　　立志减肥的莉莉，靠着半个月不吃主食的方法，成功瘦下来10斤。体重的下降，让莉莉欣喜若狂，想起过程中的各种忍耐和控制，她也觉得值了。她还想沿着这条路继续走下去，然而看似强大的意志力，很快就被瓦解了。

　　莉莉变得很情绪化，易怒、易激惹，做什么都提不起精神，脑子昏昏沉沉的，整个人也变得极不开心，感觉生活都没意思了。终于在不吃主食的第25天，莉莉精神上彻底崩溃了。她一个人跑到了自助餐厅，大快朵颐地吃着蛋糕、披萨、米饭、面条……前面所有的痛苦和煎熬，也自此打了水漂，莉莉觉得，不吃主食的生活简直是人间炼狱。

　　为什么长时间不吃主食，身体会出现不良反应，人也变得郁郁寡欢、容易暴躁？

　　其实，最主要的原因就是，碳水化合物（糖类）摄入不足！

　　如果碳水化合物（糖类）吃多一些，是不是就可以让人变开心呢？也许，吃的那一刻是这样的，毕竟糖油混合物类的东西很容易让血糖升高，让人感到兴奋和快乐，但这类东西吃多了以后，会让人变得懒懒的不想动，甚至昏昏欲睡。因为这些食物不容易消化，

大量的血液要集中到胃部工作，导致大脑供氧不足。

所以说，早餐或午餐摄入过多高油高糖类的食物，对我们的学习和工作并没有益处，非但补充不了精力，还会给身体增加负担。倘若是晚上吃这些东西，消化系统还要加班劳作，身体更是难以得到充分的休息。

无论是网络还是现实中，越来越多的人开始青睐"抗糖"。从科学的角度来说，我们每天摄入的糖分不能超过40g，摄入过多的糖会加速衰老，并引发各种慢性疾病。不过，抗糖不等于不吃糖，而是限量食用精糖和血糖指数高的食物，如精米白面；适量食用升糖指数低的食物，如粗粮、豆类等；尽量少食用热量高、糖分高、无营养的食物，如膨化零食、碳酸饮料等。要知道，缓慢释放的糖分，才能为我们提供更稳定的精力。

除了糖类以外，蛋白质和脂肪也是不可或缺的精力来源。

我们的身体从毛发、皮肤到骨骼、肌肉，再到大脑和内脏，乃至血液、神经组织、内分泌组织，都离不开蛋白质的参与，且蛋白质与免疫系统有密不可分的关系。

长期以来，人们对脂肪存在误解，认为它是不健康的。其实不然，脂肪能够缓解饥饿感、缓解餐后血糖上升的速度，有助于身体健康和细胞膜的修复。只不过，现代人的生活条件好了，脂肪摄入的量需要控制。通常来说，一个人每天摄入的油脂总量保持在每千克体重1g以内，如果想要减脂，可以将每日的摄入量控制在每千克体重0.8g。在选择脂肪时，尽量避开劣质脂肪，也就是反式脂肪酸，如食物配料表中的"人工黄油""植物起酥油""植脂末"等；最好食用三文鱼、金枪鱼、核桃、芝麻油等优质脂肪。

最后要说的两大精力来源，就是维生素和水。

水果和蔬菜是维生素的重要来源，两者相比较而言，我们更推荐蔬菜，特别是绿叶蔬菜，它的维生素平均含量是各类蔬菜中最高的。在日常饮食中，建议每餐都要有一盘绿叶蔬菜。如果外出无法摄入足量的绿叶蔬菜，也可以选择维生素片作为补充。

美国国家科学院医学研究所建议，人每天的饮水量为每千克体重30mL，也就是说，体重是50kg，每天的饮水量应该为1500mL。水是生命之源，充足的水分可以增加身体的活力，提高皮肤和筋膜的质量，保持肌肉与关节的润滑，并能够延缓衰老。尽量少喝或不喝含糖饮料，让身体保持更好的状态。

现在，你不妨回顾一下：你平日里的饮食习惯是什么样的？哪一类的食物摄入偏多？你工作时的精神状态，是否跟摄入的食物有关？千万别小看"吃饭"这件事，如果总是吃精制谷物等单一化合物，很容易引起情绪波动，令人疲倦或没精神。如果吃对了东西，不仅能让身体舒畅，还能缓解压力、改善情绪，让我们获得良好而稳定的工作状态。

可能你会问：如果馋了怎么办？毕竟人有寻求快乐的本能啊！没关系，我们可以利用"二八法则"来解决：如果你吃的食物中，有80%都能够提供足够补充精力和健康所需的能量，那么剩余的20%，你完全可以吃自己喜欢的任何食物，只要控制好不超量就可以。

05 / 将有限的精力放在最重要的事情上

1897年，意大利经济学家帕累托偶然发现了英国人的财富和收益模式：80%的财富流向了20%的人群，而80%的人却只拥有20%的财富。虽然这个比例不是十分精确，但是大部分的价值比例在这个范围内有一定的波动。之后，他开始对此潜心研究，最后提出了具有普遍适用意义的"二八法则"。

所谓"二八法则"，指的就是80%的产出源自20%的投入；80%的收获源自10%的努力。用在生活和工作中，它带给人们的启示是：谁能在有限的时间里，最大限度地减少耗损，利用更少的时间做更多的事，谁就是赢家。

我们都知道，钉钉子不能盲目用力，必须把钉子垂直立好，让锤子的力量全都集中在钉子尖上，才能形成巨大的合力，让钉子钻进其他坚硬的物体中。想要实现高效能，也得把时间和精力用在最具有"生产力"的地方，不能像老黄牛那样只知道低头拉车，这种低效率、低价值的勤奋，充其量就是一场自我感动。

朋友杨森是一家设计公司的主管，前段时间，他不停地跟我诉苦，说自己现在的状态完全就是"两眼一睁，忙到熄灯。"当时我还觉得他的形容有些逗趣，可细细听完才知道，他和公司里的不少人每天都陷入在疲于奔命的状态里，身心交瘁。

杨森每天要花费六七个小时琢磨设计方案，还要兼顾部门里的其他事务，经常是风尘仆仆地从外面回到公司，又急急忙忙地出去，设计部里的每件事他都要亲自参与，即便人不在公司，电话也会准时打来，否则他一百个不放心。

就算是这样，杨森的时间依然不够用，他的设计工作也受到了很大的影响，经常是到最后期限才拿出东西。由于事情太杂，很难静下心思考，他设计出来的方案也不是太理想，客户好几次都表示，他们公司的创意能力不胜从前了。

挫败感涌上了杨森的心头，他跟我说，都已经有转行的念头了。可在我看来，这份工作本身并没有太大问题，不然杨森也不可能坚持这么多年。眼下的症结所在，是杨森担任了主管一职后，没有及时地转变角色，并对自己的精力进行重新调配。我提议，能否先不离职，尝试把大部分精力用在最重要的事情上，无关紧要的事交给助理或下属。

果不其然，两个月过后，杨森的状态好了很多。他说："原来每天都忙得脚底板朝天，真正有价值的事没做多少。后来，干脆把小事、杂事都下放，果然效率提高了很多，又慢慢找回了设计的灵感，作品比'赶'出来的那些强太多了！"

你可能也听过这个测试：假如你的面前有一个铁桶、一堆大石头、一堆碎石、一堆细沙，还有一盆水，用什么样的方法才能把它们尽可能多地装进桶里？很显然，用不同的方法，装进去的东西多少是不一样。最优的办法是，先把大石头放进去，当铁桶"装满"后，再放碎石，碎石会沿着缝隙落下；而后再把细沙填进去，最后往里面加水，水就能融进沙子里。这样一来，铁桶里的每一寸空间都被充分利用起来。

我们的精力就如同这个铁桶，要处理的事务就像石头、碎石、细沙和水。石块象征着重要又紧急的任务，碎石象征着重要但不紧急的事务，细沙象征着紧急但不重要的事务，水象征着不重要也不紧急的事务。把这些事务有条理地归纳好，合理分配花费的时间和精力，才能改变混沌无序的窘境。故而，要实现高效能，必须要专注重要的、有价值的事情，合理分配自己的时间和精力，避免在琐事里耗损太多。

◁ 06 / 找到你的满足时刻，获取正向情绪

　　当某一种负面情绪占据了主导地位时，我们或许可以在表面上做到强颜欢笑，但效率低下这一事实却是无法掩藏的。毕竟，时间一分一秒也不会停留，生活的车轮止不住地往前走，没有谁会停留在原地等着我们收拾好心情，再去完成那些该做的事情，再去扛起应尽的责任。面对这样的处境，我们迫切需要的就是及时为自己补充情感精力，恢复处理问题的效率。

　　这里涉及了一个关键性的问题，该用什么样的方式来补充情感精力呢？

　　读高三那年，唐璐经常把自己关在房间里刷题。那种状态挺难熬的，倒不是因为刷题有多累，而是背负着巨大的心理压力，且高三的生活太过单调，让人产生一种"没有尽头"的错觉。

　　那一年，家里人对唐璐说得最多的一句话就是："别太累了，出来看一会儿电视。"偶尔，唐璐会听从家人的建议，到客厅看一会儿电视。但是，这种放松休息的选择，收效甚微。更要命的是，每次看完电视后，她心里还会萌生出一点负罪感，感觉时间都被浪费了。身体和精神，没有一处得到滋养，还不如上体育课跑上几圈

来得畅快。

后来，唐璐干脆每天抽出1小时出门跑步，跑不动的时候就快走。看着春天刚发芽的枝条和地上萌出尖尖头的小草，竟感受到了由内散发出的生命力。临近高考的那几个月，跑步的那1个小时成了唐璐最喜欢的时间段，既自由又畅快，同时也减轻了繁重的学业压力带来的心理负担，那种莫名的烦躁感、紧张感削弱了一大截。

为什么看电视无法缓解压力，跑步却能让人变得轻松愉悦呢？

心理学契克森米哈里等人研究发现，长时间地看电视会导致焦虑增长和轻度抑郁！不夸张地说，看电视对思维和情感的影响，与垃圾食品对身体的影响，没什么两样。

相比之下，如果能够调动其他正向的情绪恢复资源，则能够帮助我们有效地补充精力。实际上，我们在前面也提到过，心理疲劳可以通过运动得以缓解。总之，要释放负面情绪，就要学会获取正面情绪，以此来减缓压力造成的损耗与伤害。

有没有什么简单易行的办法，可以有效地帮助我们获取正向情绪呢？

如果长期处在同一环境中，做着高强度的工作，就会心生厌烦和焦虑。特别是对自己要求过于严苛的人，患上压力上瘾的概率更是会大幅增加。面对精力上的重度耗损，最有效的补充正向情绪的办法就是，留出一点空间和时间，享受自己的"满足时刻"。

什么是"满足时刻"呢？简单来说，就是让你体验到愉悦和深刻满足的感觉，或者说让你感到快乐和舒适的事物。

我最喜欢在周五下午去附近的书店小坐，有时也不看书，就在那里静静地坐着，看街头人来人往，发一会儿呆，但这个时刻让我觉得很放松。

闺蜜淘子最喜欢去拳馆打拳，每次练习都让她完全沉浸于其中，无暇思考其他。这个过程让她无比享受，特别是心情不好时，痛快地打一场拳，很多烦恼都被甩了出去。

每个人的喜好不同，但总会有让自己舒适和满足的选择，看电影、阅读、做SPA、画画、听音乐会……无论哪一种，能够给你带来超强满足感的事物，都能有效帮你增加情感精力。因为快乐是维持最佳表现、让情绪恢复的重要资源。

当然了，在做其中任何一件事情的时候，全情地投入其中，安心地享受当下。